Beyond Behaviors
Using Brain Science and Compassion to
Understand and Solve Children's Behavioral Challenges

超 越 行 为
——运用脑科学理解与解决儿童行为问题

［美］莫娜·德拉霍克（Mona Delahooke）／著

雷秀雅　刘　岚／译

中国轻工业出版社

图书在版编目(CIP)数据

超越行为：运用脑科学理解与解决儿童行为问题／(美)莫娜·德拉霍克(Mona Delahooke)著；雷秀雅，刘岚译.—北京：中国轻工业出版社，2021.10 (2025.1重印)

ISBN 978-7-5184-3195-3

Ⅰ.①超… Ⅱ.①莫… ②雷… ③刘… Ⅲ.①儿童心理学－心理行为 Ⅳ.①B844.1

中国版本图书馆CIP数据核字 (2021) 第069269号

版权声明

Copyright © 2019 by Mona Delahooke
Published by:
PESI Publishing & Media
PESI, Inc.
3839 White Ave, Eau Claire, WI 54703, USA
Chinese Translation Copyright by Beijing Multi-Million New Era Culture and Media Company, Ltd.
The Chinese translation rights published by arrangement with PESI, Inc.

责任编辑：林思语　　责任终审：腾炎福
策划编辑：林思语　　责任校对：刘志颖　　责任监印：吴维斌

出版发行：中国轻工业出版社（北京鲁谷东街5号，邮编：100040）
印　　刷：三河市鑫金马印装有限公司
经　　销：各地新华书店
版　　次：2025年1月第1版第3次印刷
开　　本：710×1000　1/16　印张：19.5
字　　数：134千字
书　　号：ISBN 978-7-5184-3195-3　定价：78.00元

读者热线：010-65181109
发行电话：010-85119832　010-85119912
网　　址：http://www.chlip.com.cn　http://www.wqedu.com
电子信箱：1012305542@qq.com

版权所有　侵权必究

如发现图书残缺请拨打读者热线联系调换

241852Y2C103ZYW

赞 誉

由莫娜·德拉霍克博士编著，雷秀雅和刘岚老师翻译的《超越行为》一书，是文字值得阅读、理论值得学习、技巧值得推广的书。在书中，作者运用儿童发展心理学、神经科学和临床心理学等领域的知识，结合自己30余年的临床实践和经验，专注于儿童行为的分析和干预。作者通过大量生动翔实的案例，以儿童问题行为为线索，以人们对行为理解的差异为视角，以别出心裁的干预方法为手段，给儿童带来意想不到的干预效果。

我非常乐意将本书推荐给有志于帮助存在问题行为的儿童或青少年的医生、心理咨询师、心理康复师、心理教师和家长朋友。

杜亚松

教授，博士生导师，上海交通大学医学院附属精神卫生中心儿少科主任
儿童和青少年心理治疗专家

传统上很多行为干预方法常常将儿童的问题行为或过激行为归咎为寻求关注、故意违抗等，而难以理解其深层的生理和心理原因。《超越行为》依据当今的神经科学研究，认为儿童的持续性问题行为很少是有意而为的，而是一种更具适应性的生理应激反应，这是一种更积极的理念。这一新理念和新方法强调深入探寻儿童问题行为背后的原因和触发因素，这与我对儿童行为干预的观点不谋而合，只有当我们穿越行为的冰山，去理解孩子深层的身心信息时，才能更有效地帮助有特殊需要的儿童及其家庭。给这本书的理念点赞！

蔺秀云

北京师范大学心理学部教授，博士生导师，教育部青年长江学者
家庭治疗师，注册督导师

儿童问题行为，尤其是攻击和自我伤害性行为常常给老师和家长带来很多挑战。莫娜·德拉霍克博士的《超越行为》一书试图从脑科学的视角来解释儿童问题行为产生的原因，认为行为是个体对不断变化的神经系统的适应结果。如果儿童在人际关系或物理环境中潜意识地感受到某种危险，即存在错误的神经感知，就可能出现严重的持续性问题行为。基于这种解释，她认为，如果要改变问题行为，首先就要与儿童建立安全的关系，要考虑儿童情绪和关系安全，为儿童创造最佳条件，最终形成自我调节和有意控制行为的能力。该书为教师和家长理解、应对孩子的问题行为提供了另一个视角。

昝飞

博士，副教授，华东师范大学教育学部特殊教育学系系主任
特殊儿童问题行为干预专家

《超越行为》为理解和治疗有问题行为的儿童，提供了一种新的模式。对于反社会行为和不合群行为，传统的教育和治疗模式常将其视为故意的和可被激励的。在这本可读性强、文笔优美的书中，德拉霍克博士将为读者揭开有关这一问题的神秘面纱，用基于神经生物学的治疗模式取代传统模式，通过颇有见地的指导，获得有效的结果。

斯蒂芬·波格斯（Stephen W. Porges）
美国北卡罗来纳大学精神病学教授
美国印第安纳大学"杰出大学科学家"，国际知名神经科学家
多层迷走神经系统理论（Polyvagal Theory）提出者

作为一名发展心理学家、老师和自闭症孩子的母亲，我发自肺腑地说这本书非常精彩。"塑造"行为的传统方法通常会忽视儿童的情绪状态，从而对儿童的学习、发展和建立安全的关系等方面造成很大的损害。本书提供了具体的方法，以帮助大家理解安全是儿童学习与合作的基础，而不应依靠违

背脑功能的自然规律来最大限度地开发学习潜能。

克里斯汀·内夫（Kristin Neff）

博士，美国得克萨斯大学奥斯汀分校教育心理学系副教授

自我关怀研究领域先驱

《自我关怀的力量》（The Proven Power of Being Kind to Yourself）作者

我喜欢这本书，而且会不厌其烦地进行推荐。《超越行为》简洁、易懂、实用、科学。它改变了"游戏规则"。我希望本书不仅是父母、教育工作者、临床医生和所有专业人士的指南，而且是那些负责培训的专业人员的必备读物。现在是时候让我们使用基于科学的方法，透视行为本身，来支持孩子和他们的照顾者，这本书为我们照亮了前行的道路。

蒂娜·佩恩·布赖森（Tina Payne Bryson）

博士，执业临床社会工作者

儿童与青少年心理治疗师，致力于儿童教育及发展事业

畅销书《全脑教养法》（The Whole-Brain Child and No-Drama Discipline）

合著者

这本书将为每一名家长和专业人士解答关于问题行为的疑惑，让你去思考行为的意图并重新评估如何提供帮助。德拉霍克博士综合发展心理学、脑科学、心理健康以及儿童和父母的经验，重构了我们的认知，用一个又一个案例，以尊重神经多样性的理念，引导你走向富有洞察力和同情心的道路。《超越行为》将帮助每个儿童和家庭取得进步、感到安全、享受人际关系并获得充分发展。

塞瑞娜·维尔德（Serena Wieder）

博士，进步（Profectum）基金会临床主任

地板时光（DIR）干预模式的共同创建者

莫娜·德拉霍克博士是一位拥有超过30年经验的儿童心理学家，她的工作对象是有问题行为的孩子，包括具有各种神经发育障碍或经历过早期创伤的孩子。在这本通俗易懂的书中，德拉霍克博士倡导专业人士和家庭将行为视为被早期经历植入的危险感或生命威胁的冰山一角。她引导我们用同理心和洞察力，创造一个安全和有保障的康复环境。

玛丽莲·R. 桑德斯（Marilyn R.Sanders）

医学博士，美国儿科学会会员

美国康涅狄格州儿童医学中心新生儿科主治医师

康涅狄格大学医学院儿科学教授

有一大堆的理由让我喜欢上《超越行为》。首先，它呈现了非评判的同理心。莫娜·德拉霍克诠释了父母自我关怀的重要性，在智慧地应对具有问题行为的孩子时，良好的自我照顾技巧必不可少。本书的最大特点之一是实用、有效、循序渐进的理念，在与那些最具挑战性和最受惊吓的孩子建立治疗和支持性关系时，能够帮助大家获得必需的冷静与自我接纳。

多纳·马修斯（Dona Matthews）

博士，发展心理学家

莫娜·德拉霍克为那些寻求改善儿童行为的人提供了现实检验。她展示了一种全新、全面的视角，以一种更加人道的方式来理解、教育、治疗和支持处于挣扎中的孩子。德拉霍克博士专注于一种将身心相结合的方法，帮助父母和孩子深思熟虑、满怀尊重地处理行为差异和"因果关系的冰山"。《超越行为》中的案例、工作表、实用策略、资源和丰富的信息，让读者能够理解问题行为的根本原因，从而制定出有意义、治愈性、持久性的解决方案。在养育类书籍中，它非常受欢迎！

乔安妮·福斯特（Joanne Foster）

教育学博士，天才教育和儿童发展专家

太了不起了！莫娜·德拉霍克博士综合婴儿心理健康、儿童发展、临床心理学和神经科学领域的知识，针对儿童问题行为探索出一种革命性的方法。复杂的神经生物学过程被巧妙地转化为有意义干预的实用模型。书中对儿童最具挑战性的行为的独特且批判性的观点具有改变生活的力量。这本书是所有关心孩子或与孩子互动的人的必读书。

梅根·史迪威（Megan Stilwill）

美国儿科学学会会员，儿科医师

这本书非常精彩，它阐明了复杂的概念和理解儿童的新理念，使父母和专业人士都能轻松读懂和运用。

米姆·奥赫森本（Mim Ochsenbein）

社会工作硕士，注册职业治疗师

感觉统合失调星级研究所教育主任

对于沮丧的父母和我们这些从事诊断或制定儿童行为方案的人来说，这本书是必读的。不难想象，如果我们遵循莫娜·德拉霍克的指南，通过孩子的感受和行为赋予他们权利和支持，而不是只关注冰山一角，就会产生惊人的结果。

妮可·施瓦兹（Nicole Schwarz）

文学硕士

家庭与婚姻治疗师，家长教练

译者序

我们欣然接受中国轻工业出版社"万千心理"翻译莫娜·德拉霍克（Mona Delahooke）博士的《超越行为》（*Beyond Behaviors*）的邀约，主要出于两个原因，一是对"万千心理"的信任，二是这本书本身的魅力。

莫娜·德拉霍克博士是一位拥有30多年经验的儿童临床心理学家，本书汇集了她30多年相关临床心理治疗实践的成果与经验，自2019年出版以来，这本关于儿童行为问题分析和干预的书得到了业内人士的高度肯定。

我们将书名直译为《超越行为》，而没有意译的原因是，书中对儿童问题行为的分析视角，以及问题行为干预的理念与应对，只有用"超越"这个词来概括，才能体现莫娜·德拉霍克博士在儿童行为问题研究领域的贡献。

在本书中，德拉霍克博士综合了儿童心理健康、儿童发展、临床心理学和神经科学等领域的广博知识，并基于脑神经科学、儿童发展和社交关系的截然不同的思路，以一种崭新的、全面的视角来看待儿童的行为问题。她的著作几乎重构了如何帮助孩子和家庭的理念，值得反复品味和深思。

在本书中，德拉霍克博士从儿童普遍存在的行为问题入手，逐一分析并提出颇有见地的观点和方法。她反复强调，要穿越冰山的表面，发现行为的内在原因。比如，许多持续性的问题行为是儿童经历神经感知威胁时的生理应激反应，往往不受强化程序、惩罚、计时隔离和其他类似技术的影响。她还指出，只有了解、接纳和认同孩子的个体差异，才可以据此制订个性化的治疗、教育和养育方法。

在本书中，德拉霍克博士列举了大量翔实生动的案例，向我们展示了各类儿童问题行为的表现，以及人们因对其理解的差异而产生的截然不同的干预效果。

在翻译的过程中，我们怀着对德拉霍克博士深深的赞美和敬意，用心地将她辛勤耕耘的成果呈现给中国读者，希望这些儿童行为问题应对的开创性理念和方法，能帮助我国的教育者"超越"儿童的"行为"。当然，本书作为专业性著作，翻译时如有纰漏和不畅之处，还请读者海涵、指正。

雷秀雅　刘岚
2021 年 6 月 12 日

致斯科特（Scott）——我的丈夫和伴侣

在这趟愉快的人生之旅中，

你充满了对他人的善意，

我永远感激你的爱和支持。

致 谢

衷心感谢以下这些让这本书得以付梓的朋友。

汤姆·菲尔德·迈尔（Tom Fields-Meyer），他的洞察力、智慧和编辑才能，为我的想法和文字插上了飞翔的翅膀。

斯蒂芬·波格斯（Stephen Porges）博士，他用生命倾注的工作，为我和数百万人提供了一个新视角来看待问题行为。以基于同理心和理解的新方式，来帮助儿童和创伤幸存者。

塞瑞娜·维尔德（Serena Wieder）博士，感谢她的指导和大量的工作，我们共同创立了一个尊重神经多样性的范式。

凯辛·莫尔斯（KESyn Morse），我在PESI出版传媒的编辑，感谢她的大力支持。

康妮·利拉斯（Connie Lillas）博士，感谢她阅读手稿，以及我多年来从她那里学到的一切。

多琳·奥莱森（Doreen S. Oleson）博士，她建议几代学校领导重视多元化、社区服务和关系的力量。

杰尼莎·杰克逊（Jennessa Jackson）博士，她精心编辑了我不断调整的参考文献列表和章节注释。

引 言

一名上幼儿园的女孩，只要教师在当天的问题行为表上写下她的名字，晚上回家后爸爸就会掐她的胳膊。

一名3岁孩子被发现与他的妈妈一起坐在路边的一辆汽车里，他的妈妈在开车时昏倒了，这名孩子被送入了寄养中心。因为他的"问题行为(challenging behaviors)"，日托中心的教师将他送到了"计时隔离*室(time-out room)"。

一名被诊断为对立违抗性障碍的10岁孩子，教师说他长期处于破坏性状态，总是寻求关注。他的家搬迁到一个新的地方后，他的问题行为更加明显了。

几乎每天，我都会遇到教师、专业人士和父母，他们正在努力寻找对策，以便在传统策略无效时帮助那些特殊孩子。作为一名儿童心理学家和演讲者，我不断通过博客、社交媒体和电子邮件等各种渠道，倾听他们的声音。

通过这本书，我邀请大家和我开始一段特殊的旅程。在这段旅程中，我们一起反思现有的关于儿童问题行为的应对方法。一直以来我都在思考，为什么我们无法有效地帮助那些存在最严重的问题行为的儿童？今天，对此我有了较研究生时代更加成熟的理解，也渐渐找到了这一问题的本质所在。

---

* 计时隔离（time out）是一种管教孩子的方法，当孩子出现不良行为时，让孩子离开当前的环境或活动，到一个特定的地方待一段时间。——译者注

最终促使我深入理解这一问题的是一位有远见的神经科学家的研究成果，它让我在大脑的最深处找到了解释儿童问题行为的答案。

"一刀切（one-size-fits-all）"是目前大多相关书籍描述儿童问题行为时惯用的方法。这些方法很少考虑儿童的自主状态——大脑和身体的连接；也没有考虑个体差异，即儿童独特的优势和挑战。当然，对于问题行为的探索不能脱离儿童的社交和情绪发展的背景。综上所述，我认为，目前儿童问题行为的应对方法不尽如人意的原因，在很大程度上是因为这些方法缺乏衔接原理或指导原则。

本书旨在为理解儿童问题行为提供新的思路，基于每个孩子大脑和身体的发展，可以帮助我们做出更好的决策。虽然过去30年来关于大脑的研究和知识呈指数级增长，但将理论转化为实际应用的尝试往往浅尝辄止。根据我的临床经验，神经科学家斯蒂芬·波格斯（Stephen Porges）博士的研究成果——多层迷走神经理论（Polyvagal Theory），特别是神经感知（neuroception）的概念，对于观察和帮助存在问题行为的儿童及其家庭，堪称最佳新方法。[1]

几年前，我发现很难找到一本可以推荐给不同领域的儿童专业人士的简单入门书，于是我决定撰写一本关于儿童社会性-情绪发展的书：《早期干预中的社会性和情绪发展：与儿童共处的技能指南》（*Social and Emotional Development in Early Intervention: A Skills Guide for Working with Children*），其中一章涉及问题行为。兴趣使然，这一章以及我的关于该主题的其他作品催生了本书，以便更深入地探讨这一主题。

这些年来，在我的办公室、公共和私人心理健康机构以及学校等各种场合，我和家长、教师、治疗师、行政人员等人一起，共同探讨如何能帮助那些有问题行为的儿童。善意的专业人士常常不由自主地将话锋迅速转向干预技术、行为计划和强化相倚*。不过，在提出这些方案之前，我们是否应该首先思考一个基本而重要的问题：儿童的大脑和身体是否能体验到安全感？如果不能，我们应采取怎样的措施先帮助儿童获得安全感？

我的解决方案来自三个方面的探索。第一是波格斯博士颇有见地的研究成果，这项研究表明安全感是儿童建立诸多情绪和行为自我控制技能的基础。[2] 由衷地感谢波格斯博士对于像我这样的临床工作者的支持，使得多层迷走神经的相关理论能够在儿童心理健康和相关领域付诸实践。他的关于神经感知的理念——"我们的神经系统会在无意识的状态下启动程序来评估风险"[3]——至关重要，它揭示了脑科学的基本原理，有助于我们根据每个孩子神经系统的特质来定制方案。

第二，感谢心理学家塞雷娜·维尔德（Serena Wieder）博士——我的导师，儿童发展和象征性游戏的先驱，她为我的方案提供了思路。在20世纪70年代末，维尔德博士与斯坦利·格林斯潘（Stanley Greenspan）博士一起，基于对发展性行为问题的高风险婴儿的研究，开发了一个名为 DIR®（Developmental, Individual-differences, Relationship-based；发展性、个体差异和基于关系）的模型。[4] 通过引入社会性和情绪发展的发展阶段的新概念，开创了一种帮助儿童及其家庭的突破性的新方法。同时，它让我们更加意识到，通过尊重每个人固有的个体差异来制订针对每个儿童及其家庭的解决方案是多么迫切的需要。[5]

对我的方案有贡献的第三个方面是，人类如何通过感官系统获取信息，认识到这一点非常关键。太多的专业人士和教育工作者其实并不了解我们感官系统的重要性，也无法将其融入心理健康、医学或教育领域的应用中。实际上，人类所有的行为都基于感官系统。我的那些从事职业治

---

* 强化相倚（reinforcement contingency）是操作性条件作用中关于强化的概念，指某一反应和它产生的环境变化之间的一致性。——译者注

疗（occupational therapy）的同事，教给我一个切实可行的方法：当儿童表现出问题行为时，分析他们的感官系统和偏好，对于理解和帮助他们非常有益。[6]

作为一名临床心理学家，25年来我与家长、专业人士和教育工作者一起，共同探究儿童那些有问题的、过激的或令人不解的行为，以及这些行为背后的原因。目前许多治疗范式往往把这类行为归咎为一些常见原因：如寻求关注、抗拒、操纵和避免不喜欢的活动等。本书提出了一种基于儿童发展和社交关系的截然不同的思路，从另一个视角来看待行为问题。我们会发现，许多持续性的问题行为是儿童经历神经感知威胁时的生理应激反应。当把问题行为视为适应性反应，而非故意的不当行为时，我几乎重构了所有关于如何帮助孩子和家庭的理念。

在我的临床实践中，我发现儿童持续性的问题行为很少是有意而为的，并非出于故意违抗、回避或操纵。遗憾的是，许多针对儿童严重行为问题的治疗方法都建立在有意而为的假设之上。通常，改善儿童行为的方法遵循普雷马克原理（Premack principle）：用高频行为（喜欢的活动）作为低频行为（不喜欢的活动）的强化物。[7] 换言之，积极强化或消极后果可提高依从性并减少问题行为。但是，儿童持续且严重的问题行为往往不受强化程序、惩罚、计时隔离和其他此类技术的影响。

许多专业人士认为，问题行为代表孩子想努力获得某些东西或摆脱某些东西。我们习惯于将孩子的问题行为归咎于"宽松"的养育方式或轻率的诊断。太多时候，我们以为儿童或青少年需要的是更好的行为管理，更稳定的养育方式或更好的药物治疗。然而，现实并非人们想象的那么简单，当今的神经科学揭示了一个真相：许多问题行为其实是孩子的大脑和身体感知压力的一种反应。

我在本书中描述的新方法不再简单地把问题归咎于孩子或父母。0—3岁基金会（Zero to Three Foundation）最近的一项民意调查发现，90%的家长

"大多数时候"感到自己被评判。[8]而对存在问题行为的孩子的父母进行的民意调查显示，这一比例可能接近100%。我们太容易因孩子的问题行为而指责孩子或其父母。

此外，大家往往相信，只要孩子多花点儿心思，就能克服问题行为。成人为孩子加油鼓劲，希望帮助孩子"将自己"变得更好。尽管付出了最大努力，问题行为却丝毫不减，无论对孩子还是我们自己，我们都甚感失望。我们误以为孩子到了一定年龄阶段就能够控制自己的情绪和行为。正是由于这种错误的假设，导致诸多治疗技术无法有效地帮助孩子改善问题行为，在维系与孩子的关系上也付出了沉重的代价。

本书的三个部分对于如何剖析儿童问题行为进行了全面的阐述，以探寻儿童个体的问题行为背后的原因和触发因素。第一部分（第1—3章）介绍了帮助存在问题行为的儿童需要注意的问题及相关内容。**第二部分**（第4—6章）描述了我们如何将书中涉及的知识付诸实践。**第三部分**（第7—9章）侧重特定的群体：对于被诊断为自闭症和其他神经发育障碍的儿童，第7章着重分析了如何应用本书中的方法来看待他们的问题行为；第8章介绍了如何帮助遭受毒性压力和创伤并表现出问题行为的儿童；第9章建议我们可以做些什么来帮助儿童和家庭建立积极的体验，以缓解与有问题行为的孩子相处时所感受到的压力。

脑科学非常复杂。我已经大大简化了有关大脑的理论，使其通俗易懂。我是一名全心全意的临床工作者（和母亲）。传达神经科学的诸多概念让人不免心生谦卑、望而生畏。我采用还原论*的方式来介绍基础的神经科学，力图最大程度地体现它的实用性，以便让更多的人能将其付诸实践。在此援引一句谚语或许更贴切："学识浅薄是件危险的事，要深透吮饮，否则就尝不到知识源泉的甘露。"[9]我在多年的临床实践中，一直在观察大脑是如何工

---

* 还原论（reductionistic）：将高层的、复杂的对象分解为较低层的、简单的对象来处理。——译者注

作的。对于大脑的工作方式，做这样"化繁为简"的转化应用，我自认为还是有底气的。同时，非常感谢波格斯博士慷慨地抽出时间阅读我近几年关于多层迷走神经理论的一些临床应用的文章，以确保我的文字能够准确表达神经感知的概念。

那些在不同领域的专职儿童工作者，往往采用更传统的方法来应对问题行为，普通的父母亦有自己的养育孩子的方式。本书并非是针对他们的诟病或批评。相反，本着协作和建立良性互动关系的宗旨，我希望它能为育儿、教育、发展、少年司法、社会工作和心理健康社区等方面提供一个新的视角，从而建立一种信心：对于有问题行为的孩子，我们是能够提供有效解决方案的。

本书无法代替针对个体儿童的专业建议或支持。如果你是父母，在应对孩子的问题行为时，应该向那些值得信任的专业人士寻求帮助。如果你感觉自己的心理比较脆弱，那么寻求社会支持并多进行自我照料至关重要。保持你的心理健康和情绪稳定，对于孩子来说是再好不过的事。

最后提醒：本书包含许多基于个人经验的活动设计，与所有心理学方法一样，可能会发生预料之外的情况。如果书中的任何练习给你或孩子带来痛苦，只需停止训练即可。

很高兴能与大家分享这些鼓舞人心的内容。让我们以新的视角来解读问题行为，从而形成对有特殊需要的儿童更加人道的理解、教育、治疗和支持的方式。期待本书能带给你希望的曙光，你的生活也将因此而改变。

目 录

001 // 第一部分　理解行为

第1章　隐藏在适应性行为中的益处 // 003
　　现状存在哪些问题 // 004
　　一种理解行为的新方法 // 011

第2章　自上而下还是自下而上：回应行为前需先了解其根源 // 023
　　建房的基础 // 031
　　搭建房屋的框架 // 034
　　电气布线 // 036
　　房屋中的房间 // 038
　　房屋装修 // 040
　　通向世界的车道 // 042
　　孩子处于哪个阶段 // 042

第3章　个体差异 // 059

095 // 第二部分　解决方案

第 4 章　从安全感入手 // 097

第 5 章　找到行为背后的原因：以自下而上的方式应对挑战 // 139
　　询问孩子的个人史并追踪行为，发现其模式 // 141
　　确定哪些情境会导致孩子的痛苦 // 148
　　探查调查结果揭示了哪些触发因素和潜在原因 // 148
　　通过互动和靶向治疗方案解决发展性挑战 // 150

第 6 章　应对挑战：从自身体而上到自上而下 // 177
　　询问孩子的个人史和识别周围的环境 // 178
　　探查调查结果揭示了哪些触发因素和潜在原因 // 182
　　通过互动和靶向治疗方案解决发展性挑战 // 182

213 // 第三部分　神经多样性、创伤与展望未来

第 7 章　自闭症和神经发育多样性儿童的行为表现：谨慎对待 // 215

第 8 章　如何应对遭受毒性压力和创伤的儿童的问题行为 // 245

第 9 章　展望未来，眼下要做的还有很多 // 273

285 // 资源

287 // 注释

289 // 参考文献

第一部分
理解行为

第1章
隐藏在适应性行为中的益处

> "我们欣赏那些才华横溢的教师,但更感恩于那些深深震撼我们人类情感的人。"
>
> ——卡尔·荣格(Carl Jung)

斯图尔特上二年级时,他被教师视为"问题孩子"。虽然他来自一个充满爱的家庭,也懂得分辨是非,但他经常挑起争斗,在上课时情绪失控导致课堂中断。曾有不少专业人士试图帮助斯图尔特,包括学校辅导员、私人治疗师和发育儿科医生。

当斯图尔特能控制他的行为时(少则几天,多则几周),他的父母和团队都感到比较轻松。但他经常无法控制自己,无论对同伴、兄弟姐妹、教师还是父母,都会随意大发雷霆,这种状况愈演愈烈。最终,精神科医生将他诊断为患有对立违抗性障碍。基于以上情况,父母将他辗转送到一些特殊学校,甚至住院治疗中心,尽管许多人付出了耐心细致的努力,却收效甚微。

作为一名儿童心理学家,我总会与这样的"斯图尔特"不期而遇。这些被诊断出患有各种障碍的儿童青少年因行为不端而受到纪律处分,或者因错误的选择而被批评。这类孩子的照料者（父母、教师等）无奈将他们送到像我这样的心理健康专业人士这里，希望我们能帮助"矫正"他们的问题行为。根据多年来的观察和经验，我发现大多数教育者，包括父母、教师和其他专业人士，在尝试了多种技术和方法后却没有取得良好的预期效果时，会陷入极度的沮丧和困惑。

希望犹存。本书将介绍一种理解儿童行为的新理念以及基于此的有效的新方法，无论你是治疗师、教育工作者、辅助专业人员还是父母，都将获得一种新视角来看待儿童问题行为及其产生的原因，我还会推荐一些用来改善儿童及其家庭生活的相关工具。

本章我将从多视角对两个方面进行解析，一是在儿童问题行为管理及应对过程中最常见的3个错误；二是对于儿童问题行为进行重新构建和理解，基于前沿的神经科学研究成果提出一种开创性的有效方法。

现状存在哪些问题

正如前文所说，了解我们在儿童问题行为理解与应对过程中存在的错误，是探寻有效方法的前提，目前的问题主要存在于我们对于儿童问题的理解、评估和治疗上，具体表现为3个方面：（1）在下诊断之前，没有明确问题行为的正确原因；（2）采用"一刀切"的方法，而不是为个体定制治疗方案；（3）无法根据儿童发展路径图来确保我们在正确的时间使用正确的方法。接下来对这3个错误逐一分析。

问题一：还未确定行为的原因，就想改变行为

蒂米是一个在寄养环境中长大的孩子，当他4岁时，被诊断出患有多种精神疾病。争执、逃跑和对他人进行身体攻击，对他而言是家常便饭。在

1年内他被安置在3个不同的寄养家庭里。他的脾气爆发时往往没有任何征兆。8岁时，蒂米得知他喜欢的体育教师转到另一个校区后非常沮丧，他拒绝完成所有的课堂作业，当一位教师让他排队吃午餐时，蒂米掀翻了一张很重的桌子。

蒂米的教师试图通过详细的行为计划来干预，这些计划旨在奖励适当的行为，并为不当的行为承担后果（例如减少玩电子游戏的时间）。事实证明这些努力是无效的，为什么？因为这些计划是以教师认为蒂米对他的行为有意志力、能控制为前提而设计的。而他没有，因为这些问题行为正是由于蒂米缺少意志力和控制力而导致的。因此，他根本无法改变行为以获得奖励。这些计划非但没有改善他的行为，还让蒂米感到沮丧并对他初步建立的自我认知产生怀疑，从而引发更加负面的情绪。

究其原因，教师在采取应对的行动之前，并没有完全理解蒂米的行为背后的原因。在这一错误认知的指导下，我们经常假设孩子能够选择如何表现，他们的行为不端是存心的。这是理解儿童行为问题方面普遍存在的偏见，因此，当孩子表现出一定程度的"非典型"行为时，就会受到惩罚。

例证：美国发展中心（The Center for American Progress）分析了2016年美国儿童健康调查（National Survey of Children's Health，NSCH）的数据，发现大约有5万名学龄前儿童至少被停学一次，约有1.7万名儿童被劝退。[1] 调查数据还显示出一种文化偏见（有时称为隐性偏见），有色人种的男童被劝退和停学的比率过高。如此高的数字反映了社会对儿童问题行为及其解决方案存在根本性的误解，长期存在的种族偏见也对问题行为的识别和管理造成诸多不利影响。

导致这些误解的原因是什么？过去我们花费了很多精力去研究那些技巧，想借此帮助孩子将他们的思想、情绪和行为有逻辑地联系起来，却收效甚微。这是因为我们没有意识到许多行为其实代表了身体对压力的反应，而非故意的不当行为。正如稍后将讨论的，在对行为进行干预时，我们的目标要么太高，要么太低。当我们认为孩子的行为是深思熟虑的结果时，我们的目标太高，因为这些行为实际上是对压力的本能反应。当我们假设孩子缺乏他其实已拥有的某些能力时，我们的目标太低。例如，具有感觉/运动差异的神经多样化（neurodiverse）儿童可能具有复杂的思想和想法，只是无法表达，或者他们有能力做出一些行为，只是基于他们脑神经的连接方式而无法控制这些行为。

> 当我们看到一个行为有问题或令人不解时，首先应该思考的不是"我们该如何矫正它？"而是"它向我们传递了这个孩子的什么信息？"

问题的答案将为下一步的行动提供有价值的线索。在第 2 章中，我们将学习如何确定行为是自上而下（可控的、有意的或有计划的）还是自下而上（本能的、自动的或压力反应）的，以及它对问题行为干预中的互动方式、治疗工具和技术有何影响。

问题二：使用"一刀切"的方法

安娜是一名五年级学生，她经常拒绝去学校，几乎每个上学日对她而言都很痛苦，父亲不得不亲自开车送她去上学。在学校里她表现得焦虑和心事重重，她咬指甲、把自己的皮肤抠出血。教师为此制订了一项帮助计划，当教师注意到安娜在抠自己的皮肤时，会要求安娜进行"感官休息"，让她绕着房间的四周走动，努力让自己平静下来并转向一些积极的行为。教师曾经用这种策略来应对有问题行为的学生，发现是有效果的。

但事实证明该策略对安娜无效。当教师告诉她这是一个感官休息的好机会时，安娜觉得被教师单独挑选出来是一种指责。当同学们看着她走动时，她感到很不自在，她对自己的行为深感尴尬和困惑。

这个帮助她放松的感官休息的想法当然有价值，却不适合这个特殊的孩子。为什么？因为它没有考虑到安娜对干预的看法，而且，它没有解决导致安娜情绪困扰的多重的根本原因。简而言之，该计划未能准确、全面地考虑安娜的个体差异。

许多旨在帮助有问题行为的儿童的范式和计划，都存在这个问题：虽然这些计划遵循儿童发展的普遍原则，有时也会成功，但通常会失败，因为它们不适合每个孩子的个性化需求。正如洗碗机具有可调节的温度和时间设置一样，每个孩子都有自己的"设置"，即他们能做出最佳反应的感觉、情绪、认知和学习的"设置"。重要的是，要善于发现每个孩子最适合的设置以及理解他们的个体差异，这需要付出努力。

本书中的"个体差异"是指影响一个人通过自己的身体和心灵感知世界的任何因素。[2] 这包括我们在意识或潜意识层面上感受到的一切，例如身体和其他感觉、思想和情绪。[3] 这些差异会动态地影响儿童与照料者之间的关系，极大地影响儿童的社会性和情绪发展，以及行为、情绪调节和行为控制。关键是要让照料者和服务提供者了解每个孩子的个体差异，包括孩子的潜在需求、偏好和先天特质。[4] 即便通用的技术对某些孩子有帮助，对于有情绪和行为管理困难的孩子来说往往是不足的，安娜的例子就是一个证明。几十年前，斯坦利·格林斯潘博士和塞雷娜·维尔德博士就针对儿童发展和婴儿心理健康治疗中的个体差异，提出了深思熟虑的见解。[5] 我在20世纪90年代研究他们的观点后，改变了自己的从业方式（以及身为父母的养育方式）。

我们在设定一些支持性技术和环境时，往往没有考虑到它们是否符合儿童的特定需求。与之不同的是，目前在医学领域，特别是在精准医学（precision medicine）中，很流行一种个性化的思路，"这种新的疾病治疗和预防方法，考虑到每个人的基因、环境和生活方式的个体差异"。[6] 我们可以应用精准医学的原则，打破所有问题"一刀切"的方法所固有的局限性。

这种复杂的方法有助于我们在支持儿童方面发挥不同寻常的作用。事实上，用"复杂"这个词来形容人类大脑/身体的连接最合适不过。如果不接受这种复杂性，在孩子最需要帮助之处，我们就会错过重要的机会。

> 了解每个孩子的个体差异，有助于我们确立关系和制订治疗方案。

育儿和行为相关的书籍提出了很多基于普遍性的有益建议，却往往忽略了如何根据每个孩子的独特需求来定制方案，父母也因此产生很多质疑。最近的一项大型研究发现，63%的家长认为"如果提供育儿建议和指导的人不了解我的孩子和我的具体情况，我会对他们持怀疑态度"。[7]我们与孩子沟通的方式需要个性化，确保对每个孩子的身心都有效。也就是说，要考虑每个孩子如何通过身体、情感系统、感官和思想来处理信息。在第3章乃至整本书中，我们将探索如何超越"一刀切"的方法，根据每个孩子的需求量身定制互动方式和治疗方案。

问题三：没有根据儿童发展路线图来了解每种方法的最佳时机

作为"特殊"生，利亚姆在第一所学校无法适应，6岁时转入了特许学校（charter school）*，父母和校方都希望这里的环境能够适合他的成长需要。利亚姆有求知欲，在学业上的得分高于同年级平均水平。但他在情绪调节和言语表达方面存在问题，导致他在课堂上频繁出现情绪失控的行为。当教室助理要求他把最喜欢的"北极动物"主题的书收起来准备去吃午饭时，与在之前就读的学校中一样，他的情绪突然爆发了。他没有遵从助理的要求，而

---

* 特许学校（charter school）是美国州政府在公共教育体系之外特许的中小学水平的教育机构，不受例行教育行政规定约束。——译者注

是踢了助理的小腿。

在新学校，教师非常体贴地为利亚姆订购了一本漂亮的图画书，还专门为他定了书名："利亚姆的平静之书"。书中提供了很多详细的建议，告诉利亚姆在感到不安时能做些什么。他的父母和团队对此寄予厚望，希望在这个能提供良好支持的新环境中，利亚姆的爆发性问题行为会消退。然而没过几天，他就故态复萌踢了人，这次的攻击对象是一个在操场上从他手里抢球的同学。

为什么该计划未能遏制利亚姆的行为？原因之一是它不适合利亚姆的发展水平。"平静之书"所提到的方法需要自上而下的干预来阻止自下而上的行为和情绪反应，对于一个在社会性和情绪方面有更强能力的孩子，这本书是一个好工具，孩子可能会因此受益。而利亚姆的发展阶段根本没有达到与这本书的要求所对应的能力水平。

儿童发展路线图可以帮助我们了解哪些行为是自上而下的，哪些行为是自下而上的。只有知道孩子的行为处于发展的哪个阶段，我们才能帮助孩子表达需求并理解他们的苦恼，从而防止问题行为。当然，说起来容易做起来难。我们不能简单地要求孩子冷静下来用语言来表达，除非孩子有这种能力。有时候，我们希望孩子能够有好的表现（比如控制他的冲动行为），而这些超出了他的发展阶段或"当下"的能力水平，让大家都为此感到困惑和沮丧。

> 现在的许多方法都基于儿童可以自我调节他们的情绪和行为这一错误判断，而实际上他们还不具备这种能力。

例如，"期望差距"常常让父母对幼儿的行为感到沮丧。[8]许多父母认为孩子有能力或应该有能力做的事情，实际上孩子的大脑根本还没准备好去做。

0—3岁基金会针对婴幼儿健康的一项大型研究显示，56%的父母认为，对于那些想做却不该做的事，3岁前的孩子可以控制他们的冲动。在这些父母中，36%的人认为2岁以下的孩子是能够做到的。而事实是，幼儿发展这些能力的最早年龄为3.5—4岁。[9] 同样的调查发现，43%的家长认为孩子可以在2岁之前懂得与其他孩子分享和协作。实际上，这种技能也要在3—4岁才有所发展。[10]

　　随着大脑的发育以及与照料者的积极接触，孩子可以逐步增强自上而下的控制行为的能力。随着他们的成长，社会参与的复杂度会提高。了解儿童如何培养自我控制的能力有助于我们明白，对于不同的孩子，应该把精力聚焦在何处才能真正帮助他们。

　　格林斯潘博士和维尔德博士推荐的儿童发展路线图，为理解孩子的社会性和情绪发展提供了一种具有里程碑意义的概念和方法。[11] 如果没有这样的指南，我们的工具和技术将缺乏应用的背景，这是我们在解决弱势儿童的行为和情绪问题方面力不从心的原因之一。在第2章中，我们将研究社会性和情绪发展，以及如何据此制订发展路线图来决定是否（以及何时）对孩子使用自上而下或自下而上的处理方式。从孩子的社会性和情绪发展角度来看待他们的行为，我们在面对孩子的问题行为时应该说（或做）什么或不说（或不做）什么，就会得心应手。

　　许多研究养育和行为的专家都强调如何教育孩子使之表现得更好。如果一个孩子的神经发育成熟了再施教当然最好，这属于自上而下的方法。不过，帮助孩子的基础是通过爱、安全和人际关系的付出而建立起来的。孩子先在有爱心的成人的帮助下，努力进行情绪的共同调节，最终成功实现对情绪的自我调节，这属于自下而上的方法。当我们继续阅读本书时，会清楚地看到自上而下与自下而上的区别。如果问题是自下而上的，我们需要知晓何时应首选自下而上的方法。我们常常只依靠自上而下的方法来解决自下而上的问题，结果让所有参与者都感到沮丧。

一种理解行为的新方法

前文讨论了在处理行为时我们最容易犯的错误,现在让我们开始探索一种重构和理解行为的新方法——这是一种新理念,它将为如何应对问题行为提供更行之有效的方法。

什么是行为

让我们首先思考行为的定义是什么:人对来自内部和外部刺激的可观察的反应。[12] 这个广义的定义表明行为是一个人的内部生理反应过程、感知(如何处理来自环境的信息)、情绪、思想和意图的外在表现。但是,我们常常根据我们所见到的表象提出建议、治疗方案和干预技术,而没有充分考虑隐藏在冰山之下的行为的本质。

其实,我们应该换一种角度来思考,从那些不太明显和不太可见的因素入手。行为只是冰山一角,它让我们很容易看到或了解这个个体的一部分,而这"一角"只呈现了"是什么"。

> 冰山之下是一个巨大的空间,它隐藏在视野之外,却更为重要。这些隐藏的信息更有价值,可以帮助我们理解孩子行为的"原因",提供丰富的线索去探究问题行为的诱因和触发因素。

探究冰山一角以下的部分还有一个好处,即可以帮助我们鉴别哪些行为不用干预。许多孩子的行为有些怪异,比如通过挪动身体来集中注意力或让自己感觉舒服些。而教师或父母却将改变这些行为视为目标,因为他们将这些行为当成问题,而非孩子的一种自我调节。例如,在对自闭症儿童的动作的益处或适应性做出全面评估之前,就为他们制订了旨在消除动作/运动差异的行为计划。第 7 章会深入分析对自闭症儿童进行干预时该如何谨慎行事。深入观察后，我们就能够对儿童所有的行为表示理解，从而更审慎地考虑对他们该做什么（或不做什么）。

人们太习惯于聚焦行为的表面，而不愿花时间透过现象看本质。

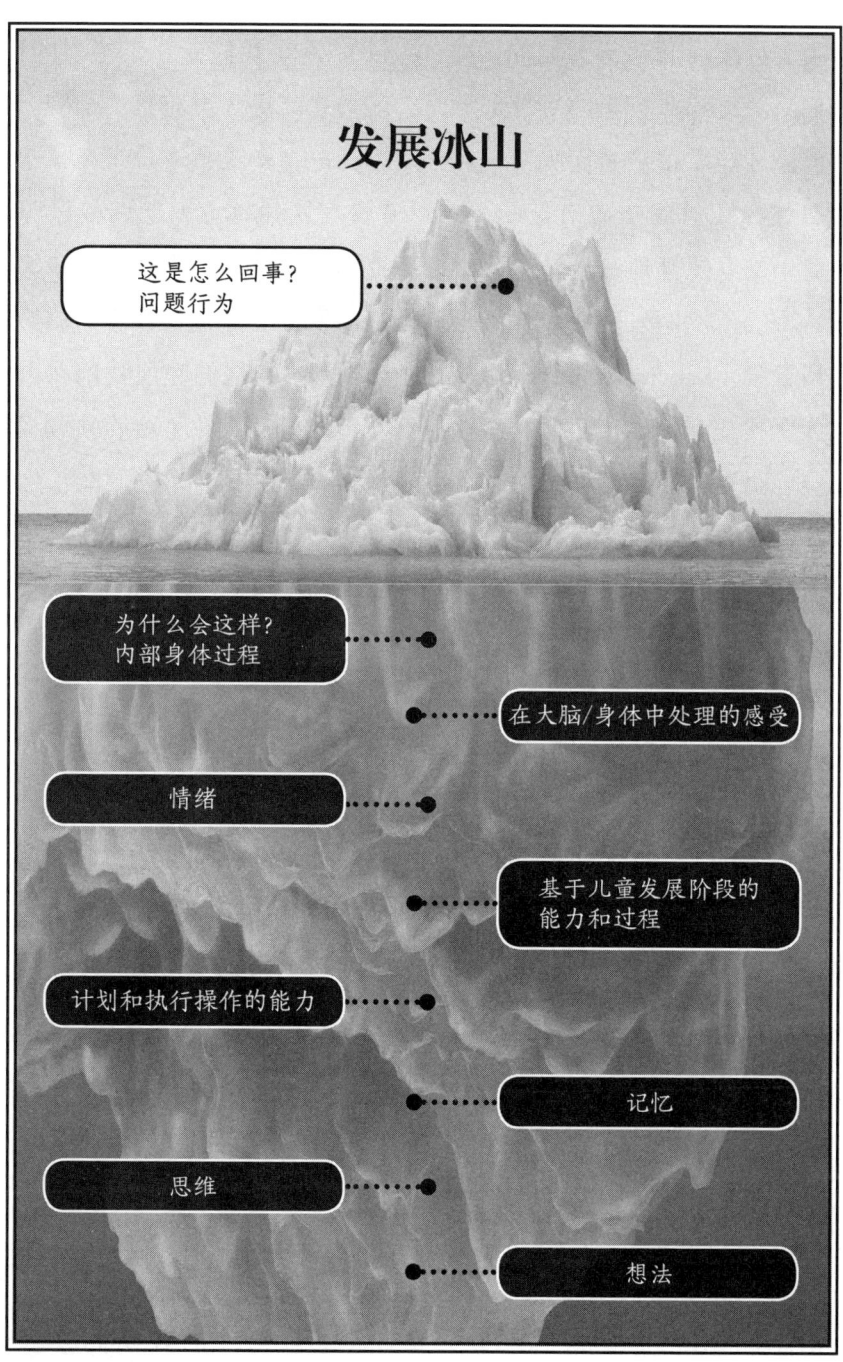

改变持续性问题行为如此困难的一个原因是我们专注于错误的目标。当人们只关注那些行为的可见部分时，就会忽略更大更完整的全貌。那么要如何做才能看得更全面呢？我们可以通过一个新视角看待每个孩子，而不是习惯性地对孩子的问题行为加以责怪。这种有意识地调整目标的思路，尚未被系统性地纳入针对儿童的职业和教育的培训中。乔·费德拉诺（Joe Federaro）和桑德拉·布鲁姆（Sandra Bloom）是创伤疗愈的倡导者和庇护所计划（Sanctuary Programs）的联合创始人，他们建议我们在面对那些陷入困扰或麻烦的孩子时，应该有意识地改变态度，不要直接问"你怎么了"，而是换一种询问方式："发生了什么事？"或者"我们能帮你做点什么？"[13]

当我们穿越冰山的表面，到更深处来看待孩子的问题行为，就不会再想当然地做出错误的假设，而是思考："此刻，这个孩子的身体和心灵正在经历什么？"

从全方位来观察和分析孩子表面的行为，才能最有效地帮助他们。为什么我们不能习惯如此呢？为什么我们还没有充分了解孩子行为的根本原因，就轻率地判断他们的行为是"好"还是"坏"？在某种程度上，这是因为我们这些爱孩子的父母、教师、领养父母、照料者、亲属和辅助专业人员，普遍缺乏基于当代科学视角的知识基础，即身体–大脑–思维之间连接的复杂性。[14]

这就是本书的用意。书中会描述如何通过一个新的、扩展性的视角来看待问题行为背后的益处，这是一个综合三方面的动态视角：（1）斯蒂芬·波格斯博士的多层迷走神经理论，特别是神经感知的指导原则；（2）社会性和情绪发展；（3）对个体差异的理解。

在本书的第一部分，第1章将探索多层迷走神经理论的临床应用，第2章讨论社会性和情绪发展，第3章研究个体差异。本书的第二部分及其余部分将展示一些应用实践，并教大家如何运用这些理论。

多层迷走神经理论：理解行为的新亮点

斯蒂芬·波格斯博士是美国印第安纳大学金赛研究所（Kinsey Institute）和北卡罗来纳大学教堂山分校的科学家。他提出的引人注目的多层迷走神经理论解释了大脑和身体如何以双向方式协同工作，以帮助人类生存和发展。[15] 这种复杂的视角让我对儿童问题行为的适应性作用有了新的认识。多层迷走神经理论所阐述的神经科学信息，远远超过了我在研究生时代所学，我根据它制订了帮助儿童及其家庭的更有效的新策略。

正如波格斯博士所说，行为代表了一个人的神经系统如何不断调节身体对压力的反应。[16] 因此，孩子表现出持续性的问题行为，说明孩子的神经系统正在自动调整和应对这些不同形式的压力。

根据多层迷走神经理论，我们将行为视为个体对不断变化的神经系统的适应性反应，它是系统发育能力（phylogenetic competence）的证明，这种能力是人类在进化史中获得生存和发展的动力。[17]

> 作为人类，生物性生存本能（那些帮助我们生存的过程）是生存的基础，而我们的"心理"建立在照料者如何满足我们对环境的生物性需要之上。[18]

正如波格斯博士所言，这些生存本能依然以三种基本的神经生理状态存在：社会参与、防御（战斗或逃跑）或生命威胁（封闭）。虽然"社会参与"是最新的、最能体现生物适应性的理论，但是从系统发育的角度来看，上述三种状态都是生物适应性的体现，因为它们是由人类的生存本能驱动的，当我们感到不安时，身体就会本能地遁入一个安全之所。[19] 从根本而言，儿童的内脏状态（即身体的生理状态）会影响他们的行为和反应，并帮助他们应对在生活中发生的各种独特体验。[20]

将行为视作适应性的表现，这一视角改变了我惯常仅以儿童的行为、情绪和发展差异及其家庭情况来观察、诊断和支持的方式，这是一种彻底的转变。如何观察和治疗有问题行为的儿童？过去的医学模型训练我们专注于可观察的行为，并将症状集群视为需要治疗的障碍。而这种新方法让我们将重点转向导致行为发生的潜在生理过程。[21] 这种理念给我们提供了一种更全面的方式来帮助那些出现持续性问题行为的儿童。

> 在仅关注行为的范式中，我们通常会问：孩子为什么会出现问题行为？（寻求关注？控制欲？）在这个新的范式中，问题却截然不同：孩子的行为表明他/她正在发生怎样的神经生理过程？

神经感知：一个指导原则

波格斯博士认为神经感知的概念是理解行为适应性的关键。他在2004年引入了这个术语，来说明大脑和身体在潜意识中对当下的环境是否安全进行着监控。[22] 有时，身体和大脑在人其实处于安全状态时会检测出危险的结果，或在风险实际存在时却检测为安全。波格斯博士称其为错误的神经感知，在他看来，这是许多精神病学所定义的疾病的根本原因。[23]

它也可能是诸多问题行为的潜在原因。换言之，严重且持续性的问题行为是儿童在物理或人际关系环境中潜意识感觉到风险的反应。当一个孩子采取防御性行为（战斗、逃跑或封闭）时，孩子的身体正在经历一个基于生存本能的生理过程。这些身体的内部过程是冰山以下不可见的部分；而我们所观察到的只是他们表现出来的问题行为。

是什么原因导致了错误的神经感知？儿童有时会对形势或环境的评估出现反应过度或反应不足。神经系统脆弱或有创伤史的儿童即使在安全的情况下，也可能错误地检测到环境中有威胁，从而引发防御性反应，即神经感知错误。在整本书中，我们将通过一些案例来讨论，如何通过理解儿童的神经感知来分析问题行为的原因。[24]

在我看来，神经感知是在育儿、心理健康、早期干预、教育和所有与儿童相关的职业领域中，能够指导儿童治疗的最基本的概念。其妙处在于它基于人类的本能，可以解释所有的行为问题。此外，当我们探究安全感对人类行为的影响时，儿童（和照料者）会基于潜意识中对于安全感的觉察而调节他们的生理状态，这种生理状态就是一个重要的干预变量，即在刺激和反应之间进行调节的变量。[25]

第 4 章将介绍，神经感知的概念如何转变我们对问题行为的应对方式。

> 我们要优先考虑如何与儿童相处，而不是一心消除他们的问题行为。我们需要向孩子传递安全的信号（基于他们独特的神经系统），让社交行为自发地出现。

"人类只有在感到安全时，大脑才能充分地思考"[26]——这个理念是神经科学领域的共识。比如，布鲁斯·佩里（Bruce Perry）博士的神经序列治疗模型（Neurosequential Model of Therapy，NMT）规定，为了保障与儿童的有效接触，我们需要首先进行自我调节，与他们建立良好的关系，然后才能与之讲道理。[27] 丹·西格尔（Dan Siegel）和蒂娜·布赖森（Tina Bryson）在"全脑（Whole-Brain）"养育策略——"连接和重新定向（Connect and Redirect）"的理念中也重申了这一观点，即人际关系在我们与孩子的所有互动中起着至关重要的作用。[28] 简而言之，帮助孩子消除问题行为的第一步是与他们建立安全的关系。

如何看待诊断结果

几十年前，我读研究生时学习了美国精神病学协会编制的《精神障碍诊断与统计手册》（Diagnostic and Statistical Manual，DSM），它用来诊断和治疗有情绪、行为、发育和精神疾病的个体。[29] 当时，DSM 被认为是一种先进的工具,用于指导临床医生帮助病人改善病情和减少痛苦。不过,时代在进步,虽然 DSM 仍然是一个重要且必要的诊断工具(并且是保险范围和公共援助决策中不可或缺的一部分),但我们可以采用更加明智的方法,通过关注潜在的因果关系而不是诊断标签,来改善治疗效果。

来自许多领域(如情感和认知神经科学)的知识,正在用新的理念揭示人类行为的原因、情绪的作用以及人类如何适应头脑和身体中的挑战。当我们更多地发现关注行为背后的原因所带来的价值,标签就变得不那么重要,相比之下,确定潜在的因果关系才是关键。

这种转变已经体现在美国国家精神卫生研究所(National Institutes of Mental Health,NIMH)的政策中。2013 年,NIMH 将资金从仅用于 DSM 标准的研究中转移出来。[30] 原因何在?该领域的领导者一致认为,分析病症的潜在原因比研究 DSM-5 等症状量表更为重要。NIMH 正在资助与人类一系列行为和情境相关的潜在生理过程的研究,并借此来推动这一转变。[31]

斯图尔特:行为背后的原因

根据我们在本章中学到的关于行为的知识,再来看看斯图尔特这个难以控制情绪爆发的孩子。似乎从蹒跚学步时被收养开始,斯图尔特对日常生活的过度反应就萌发了。通常情况下,一个看起来很平和的场景,例如一个言谈举止有些特点的陌生人,就可能引爆他的脾气。这个孩子经常逃离人群或在聚会时拒绝与其他人交谈。后来,对于父母或幼儿园教师的简单要求,他都习惯性地加以拒绝。从小学开始,这种明显的不服从演变为一种以对抗和谎言为主的行为模式。

问题在于,有太多的人只聚焦于表面行为——他的发展冰山的可见部分,而不是努力去理解隐藏在行为表面之下的原因。

医生为他的"对立违抗"症状开出的治疗药物（一个疗程为几个星期）可以暂时起些作用，但他的挑衅行为却年复一年地持续存在。斯图尔特为什么会继续对抗？因为他的治疗目标设定错了，他们只专注于可见行为而不是潜在原因。

最后起作用的是一个由他的父母、教师、治疗师和医生组成的多学科团队，他们从不同的角度和各个方面考虑了他的问题冰山的全貌。团队通过调查他的社会性和情绪发展的历史得知，在孩提时代，斯图尔特就遇到了一个阶段性的挑战：无法保持体内平静的状态。这使他经历了许多倍感压力的日常活动和感受。

简而言之，他患有神经感知缺陷（faulty neuroception）。为什么？斯图尔特从被收养起，就在最基本的层面上遇到了情绪上的障碍，尽管父母尽最大努力帮助他，多年来这个病症却一直未得到有效的诊断。这就是日常事件和某人特殊的声音就能让他情绪爆发的原因：普通现象被他看成是具有威胁性的。随着年龄的增长，这些不安全的经历作为记忆碎片不断地影响他的感知和行为。诸如此类的碎片形成了内隐记忆，由过去的经历所累积的强大力量，就这样无意识地印在了他的脑海中。

在斯图尔特出现问题的早期，有人告诉他的父母，这个男孩的行为可能是一种习得的反应，而这些反应都是通过被关注而加强的。换句话说，父母和其他人对斯图尔特的反应的强化或许引发了他更多的问题行为。但这种说辞并不准确。斯图尔特被诊断为对立违抗性障碍（Oppositional Defiant Disorder，ODD）只是给他贴了一个标签，对于解决问题无济于事。当治疗团队基于关系安全的治疗方法看待他的行为并尊重他的个体差异时，效果立竿见影。当他们发现他的问题行为其实源于虚假的不安全感时，就能够做出正确的应对。最后，斯图尔特开始好转。

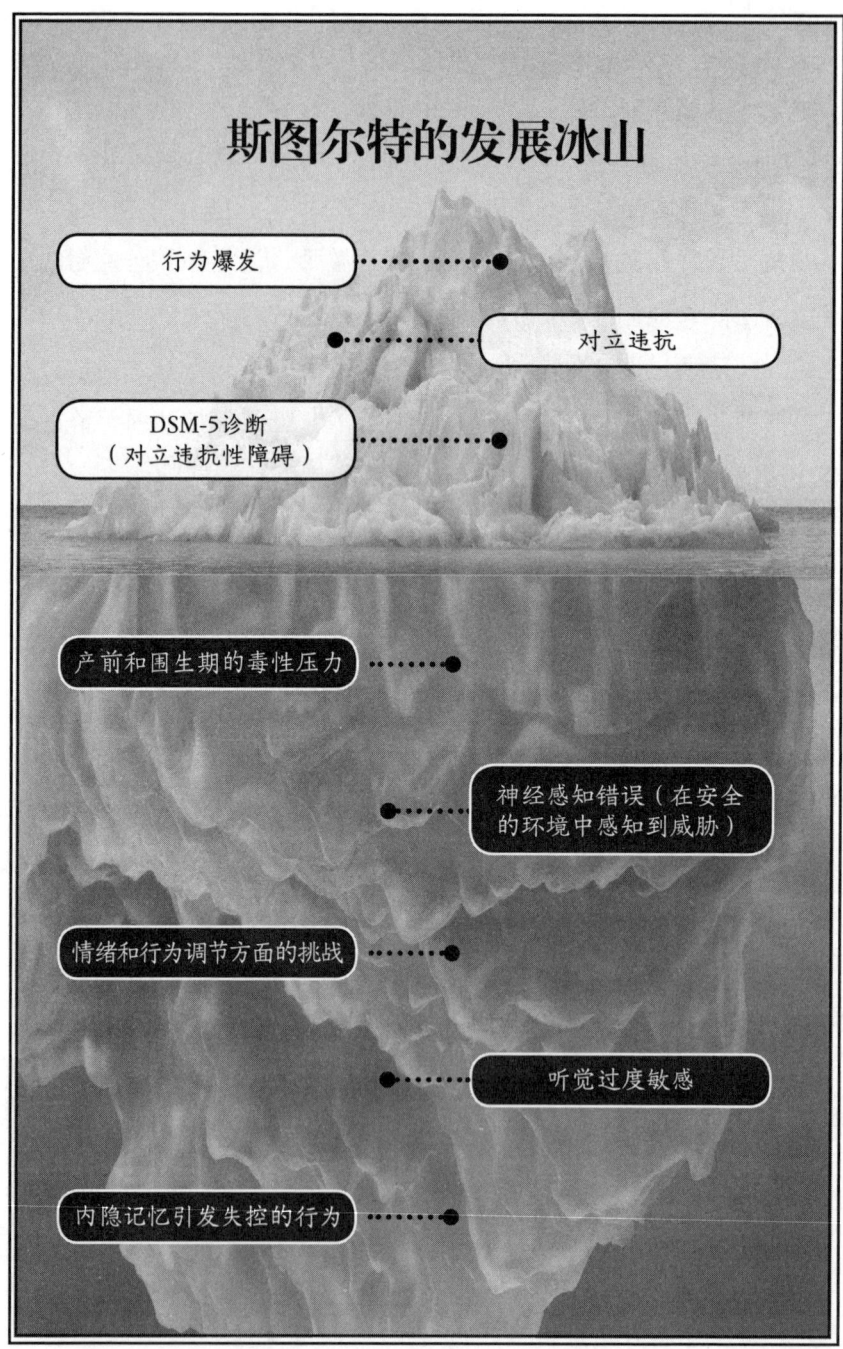

从行为中学习

正如我们在斯图尔特的故事中看到的那样,问题行为引发了一个悖论。父母、教育工作者和专业人士经常将这些问题行为视为祸害,视为引起关注和冲突的根源。殊不知,这种行为也应被当作益处,它们体现了人类生存本能的光辉。一个看起来行为不端的孩子,正在这个过程中努力适应和生存。我们不必将问题行为纯粹视为需要摆脱的障碍,而应利用它们做出"如何支持不同孩子的神经系统"的指南。

> 当我们将大脑/身体视为一体而全面地看待行为时,便会逐渐理解,增强行为控制基础的情绪调节能力而非行为依从性有多么重要。

新视角调整了我们的思路,我们将行为视作适应性的表现,将目标从行为依从性转换为优先考虑基于个体特征的情绪和关系安全,为儿童创造最佳条件,让他们最终形成自我调节和有意控制行为的能力。

现在我们已经学习了一些将行为解释为适应性反应的神经科学,关键是,如何将它们与儿童的社会性和情绪发展阶段相结合?第 2 章将讨论这个问题。

要点

- 干预儿童问题行为的传统方法之局限性有三个方面:(1)尚未确定问题行为的病因之前,我们就试图改变问题行为;(2)采用"一刀切"的方法;(3)没有根据儿童发展路线图来了解实施每种方法的最佳时间。
- 神经感知是波格斯博士提出的一个概念,是大脑和身体对环境中是否存在安全和威胁的潜意识监测。
- 照料者如何理解孩子对人际关系和物理环境的神经感知，会直接影响儿童的心理健康。
- 我们需要区分故意的不当行为和压力反应行为。
- 当我们在一线干预中优先考虑关系安全时，就会采用更有效的养育方法。

第2章
自上而下还是自下而上：回应行为前需先了解其根源

> "生理狀态中的神经调节决定了社会性行为的表现和应对挑战的能力。"
>
> ——斯蒂芬·波格斯博士

里纳尔多从上幼儿园开始，就一直用问题行为来抗争。刚上二年级时，教师发现他不听指令，即使在她多次要求他停下之后，他也经常打同伴或抢玩具和其他物品。团队开会讨论里纳尔多的个性化教育计划（individualized educational plan，IEP），针对他的问题制订了一个基本目标：里纳尔多要学会"用他的语言告诉别人他需要什么或他的感受如何，而不是通过身体行为来表达"。

如果他能这么做就好了。尽管教师和家长一再劝告、反复提醒，里纳尔多的冲动和破坏性行为仍在继续，有增无减。虽然他也认真地尝试遵守规则，却还是无法使用语言来解决问题。个性化教育计划团队年复一年地将行为目标推向下一学年，他们没有意识到一个简单的问题："为什么里纳尔多无法用语言,而是用冲动行为来表达他的想法?"

答案在于,里纳尔多的发展阶段还不具备用语言来表达感觉、想法或感情的能力。儿童只有到一定年龄段才能获得这种能力,只有在许多其他技能得到发展的基础上,它才会显露出来。那些成人认为里纳尔多有能力讲述他的感受而不是用行为来表现,但即使到了9岁,他也根本做不到。这种能力必须根据每个孩子不断成长的身心状况来培养和量身定制,对于弱势儿童来说,这更需要时间。

为什么这些试图改变孩子的持续性问题行为的善意目标往往以失败告终?因为它们不是针对孩子的社会性和情绪发展阶段的特点制订的。

> 遇到孩子的问题行为时,请尝试用另外一种方式来看待,首先要思考:问题行为的成因是自上而下还是自下而上的?

换句话说,这是存心而为的不当行为吗?这种行为是否代表了儿童在发展阶段中面临的挑战或对感知威胁的本能反应,或者两者兼而有之?在这些答案未揭晓之前,你无法确定应对孩子问题行为的最佳方式。当完成婴儿心理健康和儿童发展领域的博士后学业时,我开始理解从这个新视角看待行为的重要性。我很幸运能够在这段时间学习波格斯博士的工作成果和多层迷走神经理论,但我不明白它对我的临床工作有何影响,直到我在一本婴儿心理健康杂志上读到他的开创性文章《神经感知:用于检测威胁和安全的潜意识系统》(*Neuroception: A subconscious system for detecting threats and safety*)时才茅塞顿开。[1]

读完那篇文章后,我不再以旧眼光来看待问题行为。在学校系统的临床工作中,我看到孩子受到行为的负面结果影响时,就会更加难受,因为那些行为不过是一种应对压力的反应。当我开始在心理学实践中使用多层迷走神经理论作为处理原则时,**我发现,根据儿童的神经感知制订的策略来应对他**

们的行为，远比我在研究生时代所学的内容，以及那些学校和机构迄今依然采用的方案有效得多。

所以，为了回答这个问题："这种行为是自上而下还是自下而上的"，我们需要从两方面了解孩子：（1）**了解孩子的社会性和情绪发展阶段**；（2）**找到揭示孩子行为根源的关键时刻来获取线索**。

本章将阐述如何做到这一点。首先要密切关注儿童的社会性和情绪发展状况，本书会为你提供工具，以分析你观察到的行为与儿童发展阶段的关系。我还会介绍一种分析当下行为的技术：一种颜色系统，它有助于我们根据行为来确定孩子的自主状态和压力水平。有了新的视角和工具，后面的章节将提出解决这些行为问题的策略。不过，我们首先要回答一个至关重要的问题：这种行为是自上而下还是自下而上的？

自上而下的行为：意向性和计划性

有些行为是深思熟虑后的结果，是个人有意识采取的特定的行为。戈尔曼（Goleman）和戴维森（Davison）将自上而下的处理描述为"反映我们的意识及其'心理活动（mental doings）'的大脑活动"。[2] 丹·西格尔和蒂娜·布赖森将自上而下的思维描述为"楼上"大脑皮层中发生的心理过程。[3] 自上而下的思维随着孩子的成长不断发展，它与前额叶皮层相关，这个区域被称为大脑的"行政中心"，它对计划和驱动力、认知、情感等社交行为至关重要。[4] 尽管大多数孩子在3.5—4岁时能开始"努力控制"他们的注意力、冲动和行为，但这些能力需要更长时间才能得到完全发展，这个过程将一直持续到成年早期。[5] 最终，通过对大脑功能及人际关系的不断培养，大脑的发育将使我们能够具备有意识的控制、学习、反思、计划的能力，并能追求长期目标。[6]

学龄前儿童能体验到那种令人陶醉的力量感，是因为他们意识到有能力控制自己的身体并拥有自己的想法。（对于父母来说，这个阶段可就不那么令人愉快了,他们必须制订规则教会孩子树立界限感!)这是自上而下的心理发展过程的开始,它包括有意识的努力、意向性和思考。高效的自上而下的思维可能需要很多年的发展才能得以完善,这要根据每个人的发展状况而定,正如第1章中提到的,当一个人面临威胁或危险时,可以随时被较低水平的、基于生存本能的大脑所控制。

自下而上的行为:压力反应

然而,任何人的自上而下的思维方式在得到充分发展之前,都只能完全依赖自下而上的行为方式。人类天生具有自下而上的能力,这也是我们赖以生存的基础。这些反射性的、自动的反应被称为自下而上的行为,它出于潜意识,并不涉及意识层面的思考。[7] 正如第1章所讨论的那样,潜意识中的安全感和威胁感引发了这些适应性行为,它是在自我保护的本能驱动下产生的。丹·西格尔和蒂娜·布赖森将与自下而上反应相关的脑区描述为"楼下"大脑,位于大脑边缘系统的区域,包括杏仁核。[8]

很多时候,照料者、教师、服务提供者和父母都认为孩子的行为是故意的,而事实上,这种行为不过是由神经感知监测到威胁后引起的一种压力反应。正如戈尔曼和戴维森所说:"我们认为自上而下的行为实际上是自下而上的,这种误解多得超乎我们的想象。"[9]

一旦对行为的根源做出错误的假设,我们所采用的应对方式终将以无效告终。在里纳尔多的个性化教育计划中,行为干预目标的失败就是一个典型案例。判断我们所观察的行为究竟是自上而下还是自下而上,或自身体而上,至关重要。(本书将交替使用"自下而上"和"自身体而上"两个术语。)

当然,将行为描述为自上而下或自下而上是对复杂的大脑/身体连接方式的极简表达。实际上,我们的身体、大脑和精神之间,存在着密不可分的相互反馈和循环。大脑和身体中庞大的"信息高速公路"还会受到中枢和周围神经系统的动态影响。[10] 这些都是非常复杂的。但我发现，在帮助儿童及其家庭的过程中，这种简化有助于将这种新的方法概念化，从而更好地理解问题行为。

本书从多层迷走神经理论的视角来诠释问题行为，该理论侧重于分析自主神经系统。同时，它也为养育者和儿童工作者提供了基于实践的有效应用。不过，本文不会用过多的笔墨深入讲解神经科学，如果你对此有兴趣，强烈建议你学习多层迷走神经理论和大脑／身体联系方面的资料。（请参阅参考文献。）

我们在学科发展中不遵循通用的神经发展阶段图，与专业培训中所宣称的身心二元论（将大脑和身体分离）有很大关系。正是这种二元论让我们这些养育者和儿童工作者付出了很大代价。波格斯博士认为："大脑结构和身体器官之间动态的双向交流会影响人的精神状态，使个体产生对环境的感知偏差，从而做出欢迎或防御他人的准备。"[11]

我们需要从自身体而上和自大脑而下这两个方向来分析儿童的行为，并制订干预目标，才能有效地支持儿童及其家庭。如何做到这一点呢？我是临床医生，不是神经科学家，因此我会将复杂的内容分解为简单的模块，来描述自下而上和自上而下的过程之间的差异，及其对治疗和支持策略的意义。为了理解人类如何开发自上而下思维的进程，我们首先从更大范围来了解儿童的社会性和情绪发展。

从新生儿到沟通者：社会性和情绪发展概述

尽管我们希望孩子能够"运用他们的语言来表达"，并对自己的行为加以控制，但没有哪个人天生具备这种能力。通过沟通来表达意愿的能力，是需要在和谐的关系中逐步发展而建立起来的。

要理解这个过程，我们先来快速回顾一下儿童的发展阶段。[12]

当婴儿出生时，他的第一个动作是在母体外呼吸。在那一刻，大家都屏息凝神，等待着宝宝的呼吸以及随之而来的哭声，这是宝宝健康的标志。

为了生存，婴儿需要呼吸。如果宝宝健康，在短时间内就能做到如何同时吸吮、吞咽和呼吸。通过本能的协调，孩子能让这三件事情很自然地发生。

在接下来的日日夜夜乃至数月中，如果这些基本能力得到了适当发展，同时细心的照料者恰当地满足了他的需求，宝宝会感受到平静，希望引起周围世界对他的关注，喜欢凝视父母的眼睛。（早产或有些对抗的婴儿可能会晚一些做到这一点。）事实上，这是人类与生俱来的本能。随着身体能力的发展和足够的关系支持，孩子开始进入社会性和情绪发展的第一个阶段：**调节和关注**。

一个身体处于调节状态的新生儿具有不可思议的**社会参与**能力，即社会性和情绪发展的第二阶段，它自发地从身体/大脑深处感受到的安全感中产生。几个月后，孩子开始微笑，照料者以愉悦的笑容回应，孩子与照料者开始建立联结。通过生理调节系统，婴儿和照料者之间产生了**社会参与**和**联结**。

这种联结——触动他人心灵的能力是互惠的。当婴儿开始微笑和呢喃，照料者就是他的声音和行为的镜子，此时照料者并非简单地照料，而是一种共享式照料（care-sharing）。[13] 人类婴儿和父母在共享和互惠的关系中互动是一种本能。这构成了社会性和情绪发展的第三个阶段：**交互沟通的能力**。宝宝笑，妈妈也笑；宝宝拱起背、举起双臂，爸爸把他抱起来。最终，在第一年里，婴儿获得一种运动控制的能力——以手势或姿势指向某物或某人，希望照料者能接收到这个信号并朝婴儿的方向看，或以其他方式回应婴儿急切的沟通需求。

在出生后的第一年，婴儿的由动机驱动的运动控制能力不断增强，并乐在其中。到了第二年，婴儿可以突然用手指或手势，让照料者知道他想从婴儿床上下来，穿上鞋子去外面散步。他可以来回往复地表达他的需求，并通过对方的面部表情、身体姿势以及行为所表达的情绪来了解对方与他沟通的内容。现在，孩子已经达到另一个发展阶段：**共同解决社会性问题**。这种能力为孩子提供了新的机会，他可以向他人询问、告诉、展示和指明他的需求、想法和感受，而这一切都无须开口说话。

接下来孩子进入一个使交流更有效的阶段：**使用单词或符号**。他不再局限于用身体语言（如果他的身体无法实现交流，就使用图片、手指或其他方法）来表达，现在他可以用一个词来代替身体动作。孩子可以简单地说"饼干"，而不是牵着妈妈的手从房间来到厨房。想象一下，当人可以使用符号代替动作时，生活会变得多么容易（和有趣）！

在接下来的几年或更长时间里，随着孩子的发展，使用文字来描述对象会进化成使用文字来描述感受。孩子获得了一个终身受用的能力：能够**描述他的感受和内心世界，并与他人分享他的经历**。

这种使用符号的能力让人类达到了发展的另一个巅峰：**与他人建立沟通的桥梁**。我们学会如何与他人共情，并意识到别人并不总是和我们一样，可能持有不同的意见。现在，个体可以参与辩论并表达观点，进入需要驾驭社会环境诸多复杂性的新阶段。

通过这个不断变化的过程，儿童最终能够发展控制冲动、情绪和行为的能力，用语言表达他的需求、内心世界、挣扎、恐惧和情感，而不必通过行为来示意，这种能力将持续发展到青春期甚至成年期。这个过程因人而异，取决于孩子的社交关系、生活经历、早期环境、体质和大脑的结构。

功能性情绪发展

我刚才描述的儿童发展阶段是基于格林斯潘和维尔德在 20 世纪 70 年代的研究，他们制订了社会性和情绪发展阶段的路线图。[14] 他们所描述的能力被称为功能性情绪发展水平（Functional Emotional Developmental Levels，FEDLs），这个路线图也说明了孩子在不同发展阶段中是如何运用人际关系的。

- **功能性**是指个体如何领会并理解世界。
- **情绪性**表示情绪在每个阶段的作用，以及情绪如何改变个体对人生经历内涵的理解。
- **发展性**代表基于发展里程碑的成长模式。
- **水平**是儿童在成长过程的不同阶段中，达到社会情绪成熟所必需的体验。

> 儿童通过情绪和生理调节之间的复杂互动，以及与社会关系和物理环境之间的互动，在这些过程中循环发展能力。

维尔德博士将水平描述为过程而不是里程碑或阶段。[15] 它们本质上是非线性的，因为它们是动态的，并且会根据下一章将讨论的许多变量而改变。儿童通过他们的情绪和生理调节之间的复杂互动，以及他们与社会关系和物理环境的互动，在这些过程中循环发展其能力。每一个孩子都按照自己的节奏发展。这些过程看起来有所不同，具体取决于每个孩子独特的大脑/身体连接状况。我们应该根据孩子的个体差异、早期环境和独特的大脑结构来期待每个过程的变化主题，而不是对这些过程采用神经发育标准进行筛查。作为父母和儿童工作者，我们的任务和挑战是正确解读儿童的行为并诠释它们对该儿童的意义。

或许你的孩子（或你在工作中面对的孩子）的能力可能并不完全符合社会性和情绪发展的这些定义。但是，当我们力图理解和改善儿童的问题行为时，我们仍然可以利用它们来指引方向。

建房：社会性和情绪发展的过程

正如我们所看到的，没有哪个人生来就能够控制自己的行为并调节身体对情绪的反应。相反,这种能力是我们随着时间的推移在人际关系协调中获得的。要了解人的社会性和情绪发展的过程,可以参考房屋的建造过程。建造房屋的每个不同阶段都会影响它最终的结构和功能,这同样适用于人的发展过程:儿童在每个阶段的情绪调节和行为控制能力都得到进一步增强。

正如建房一样,每个过程都会受到独一无二的环境和各种因素的影响。许多房屋的承建方知道,有时会出现胶合板短缺,有时电工组在需要干活时正忙着另一个项目,所以做事时你必须调整顺序。同理,每个孩子会经历相同的发展过程,但他们还会受到许多其他因素的影响。这就是为什么实时追踪孩子的成长非常重要,这样我们才能确定帮助孩子的最佳方式。由于人际关系是孩子社会性和情绪发展的驱动力,作为与他们建立关系的成人也需要关注自己的状况。

为什么知道这些,就能够更好地理解和应对儿童的问题行为?**因为当我们正确地满足孩子的生理和情绪需求时,问题行为往往会减少。**这种理解有助于我们从专注于行为管理转向儿童的情绪调节。因此,为了更好地理解如何帮助儿童进行情绪调节,让我们来看看社会性和情绪发展的"建房"六阶段。[16]

建房的基础

阶段一:调节和关注

孩子在第一个发展阶段中正在获得平静和警觉的能力。当孩子平静而警觉时,他可以专心关注周围的世界。这种能力可以视为社会性和情绪发展之屋的基础。建造在坚固基础上的房屋最能应对它将面临的风暴。如果一个孩子能够对他的世界和周围的人保持平静的关注,这种坚实的基础就是其未来发展的稳固基石。

地基是房子最重要的部分。孩子的社会性和情绪发展之屋的基础可能是坚实或脆弱的，或介于两者之间。当孩子对环境的需求做出反应时，它在不断发生变化。

第 2 章 自上而下还是自下而上：回应行为前需先了解其根源 / 033

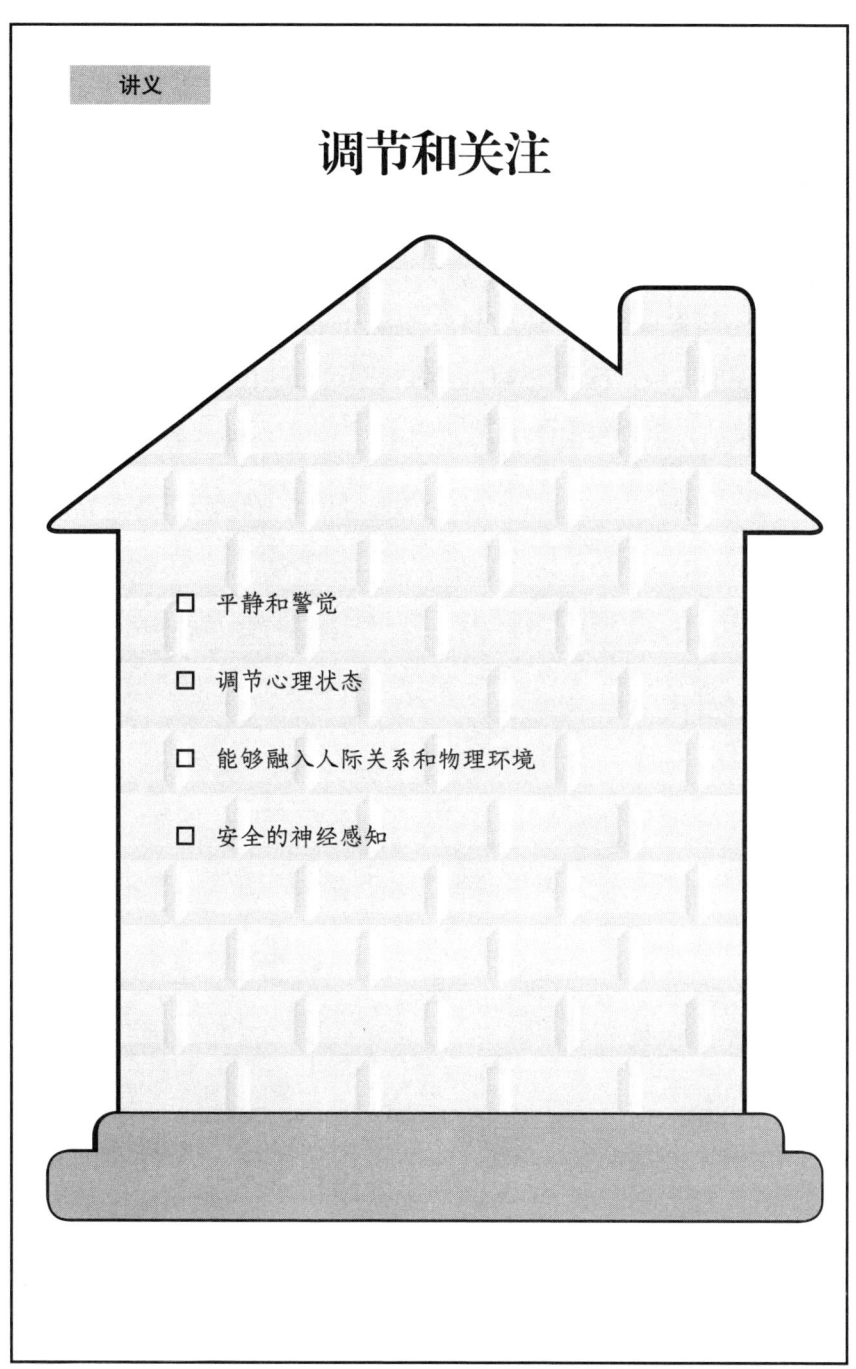

Copyright © 2019 Mona Delahooke. Beyond Behaviors. All rights reserved.

搭建房屋的框架

阶段二：参与和联系

一旦打好了地基，工人就会细心地为房屋搭建一个框架。这个框架定义了房屋将包含的所有内容，没有它房子就无法继续建造。这同样适用于第二个社会性和情绪发展过程：体验和参与温暖的人际关系和沟通。把爱的关系想象成房屋的框架，孩子在这种框架内成长。在阶段一建立了平静的关注的坚实基础之后，根据每个孩子的独特潜力构建的人际关系将为其成长提供支持。

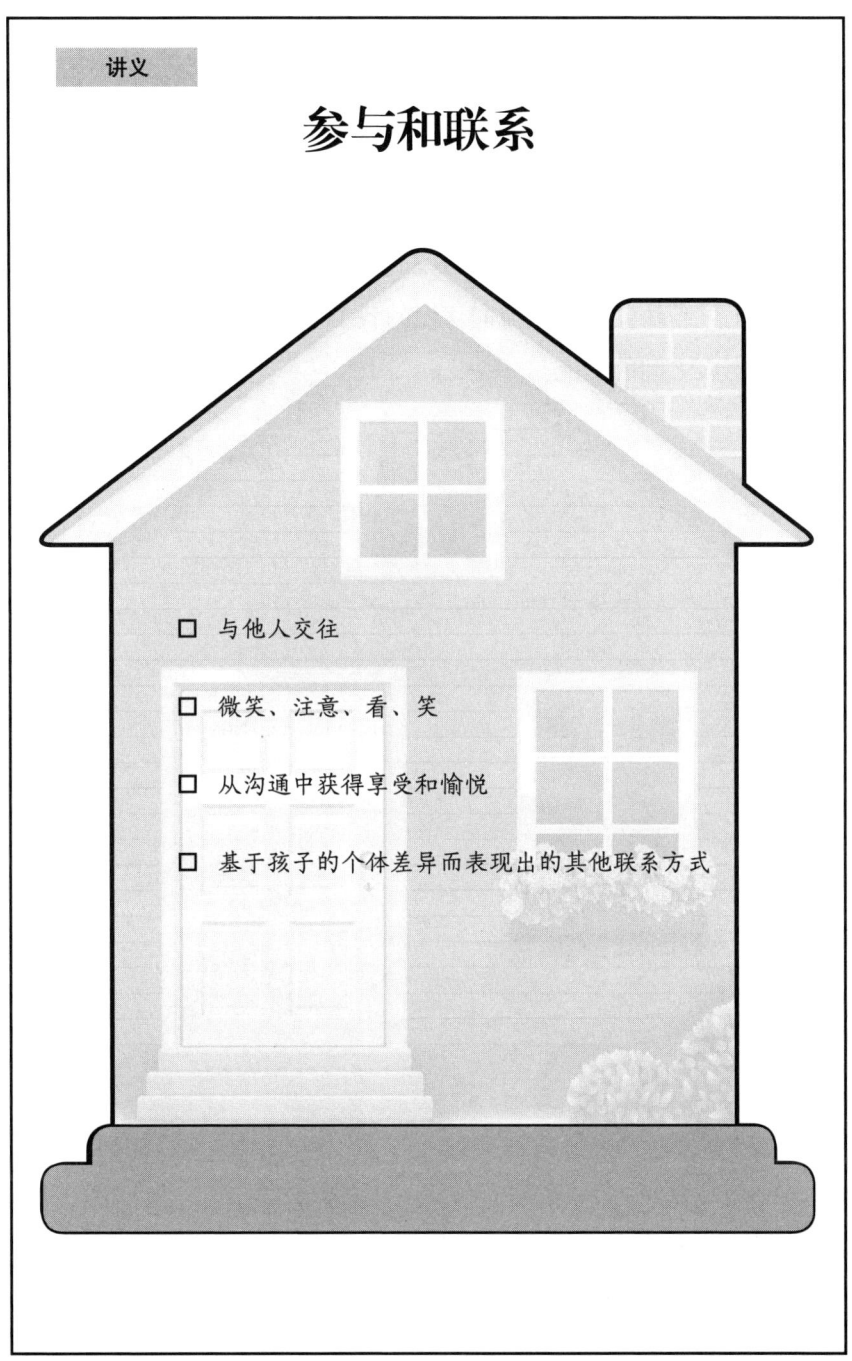

Copyright © 2019 Mona Delahooke. *Beyond Behaviors*. All rights reserved.

电气布线

阶段三：有目的的情感互动

一旦孩子处于舒适、专注和安全的状态，就会开始与他人交流。如果将参与、拥有爱的关系的能力比喻为房屋的框架，那么沟通可以比喻为房屋的电线。正如电气布线使得电流流向房屋的各个角落一样，面部表情和身体姿势促进了人与人之间的交流。

第 2 章　自上而下还是自下而上：回应行为前需先了解其根源　/ 037

讲义

有目的的情感互动

- ☐ 节奏和方向
- ☐ 来回互动
- ☐ 读懂对方的肢体语言和手势
- ☐ 发出和接受言语或非言语信号

Copyright © 2019 Mona Delahooke. *Beyond Behaviors*. All rights reserved.

房屋中的房间

阶段四：共同解决社会性问题

把这个过程想象成房屋里的房间和走廊。在阶段三中的双向沟通的帮助下，孩子现在具有一定解决社会性问题的能力，可以借此探索家中所有的房间。萌生一个想法后，他可以向照料者提供一系列非言语线索，来达到他的目的。孩子通过各种一来一回的互动来展示、告诉、询问或以其他方式与他人交流。

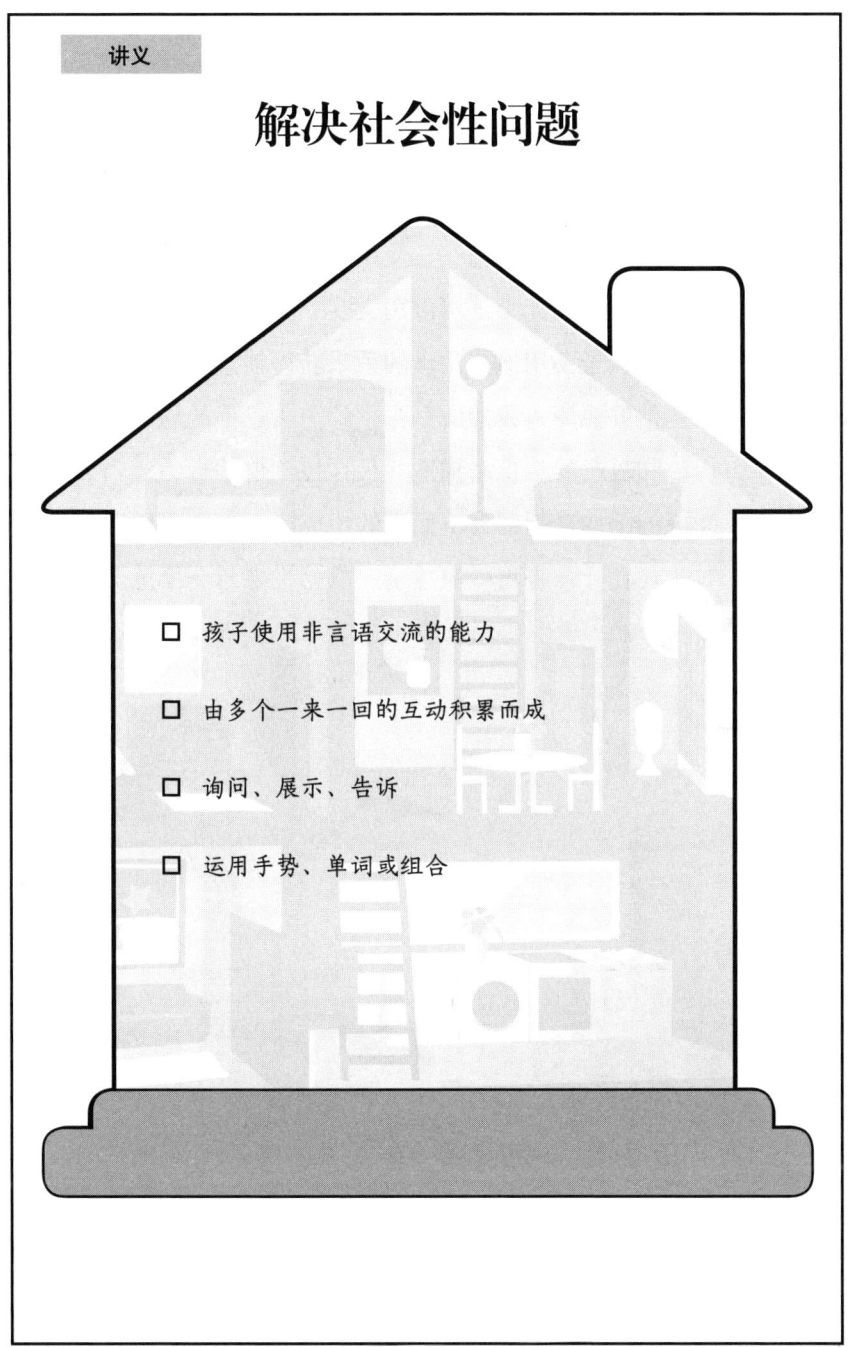

Copyright © 2019 Mona Delahooke. *Beyond Behaviors*. All rights reserved.

房屋装修

阶段五：创建符号并运用单词和想法

基础、框架和布线都能够支持孩子探索房间的能力。这些能力正促使孩子做一些真正开启创造之门的事情——使用文字和符号。把这个过程想象为装修房子。孩子拥有了新的能力，可以用文字、描述、观点和假装游戏来装饰他的世界。现在，孩子不用抓住父母的手来获得他想要的东西，而是可以用一个词语来表达他的愿望，或指向一张图片来表达他的想法。现在孩子能够使用文字、想法和自己的意识来描述并最终控制他的行为。当孩子的思维具备一个自上而下的结构来理解自下而上的反应时，他不再用混乱的方式表达某个意思。孩子现在开始将内心的感受、感觉、思想和情感与言语联系起来。由此发展出一种能力，能够通过自上而下的思考来理解自己的行为。

通向世界的车道

阶段六：在思考中注入情感，在不同思维之间架起桥梁

当孩子能够将意见和想法转化为文字或符号时，就已为这一重要过程做好了准备。从现在开始，他可以与他人分享他对自己的行为和动机的理解。他可以组织自己的思想和情感，具备逻辑思考的能力，并在自己与他人的想法之间架起桥梁。

将这种新生的能力想象成一条从房子通向外部世界的车道。当孩子回答"何时、何地、是什么、为什么、怎么做"这种问题的能力得到发展时，他已经获得了同时反馈自己和他人观点的能力。此时，孩子可以表达意见、参与辩论，并能理解他人可以有不同的意见和想法。

孩子处于哪个阶段

如何得知孩子处于社会性和情绪发展的哪个阶段？关键是要明确在特定时间内孩子在房子的创建或构造中处于哪个阶段。第44页的问题是这些阶段的简化版本。

第 2 章　自上而下还是自下而上：回应行为前需先了解其根源　/ 043

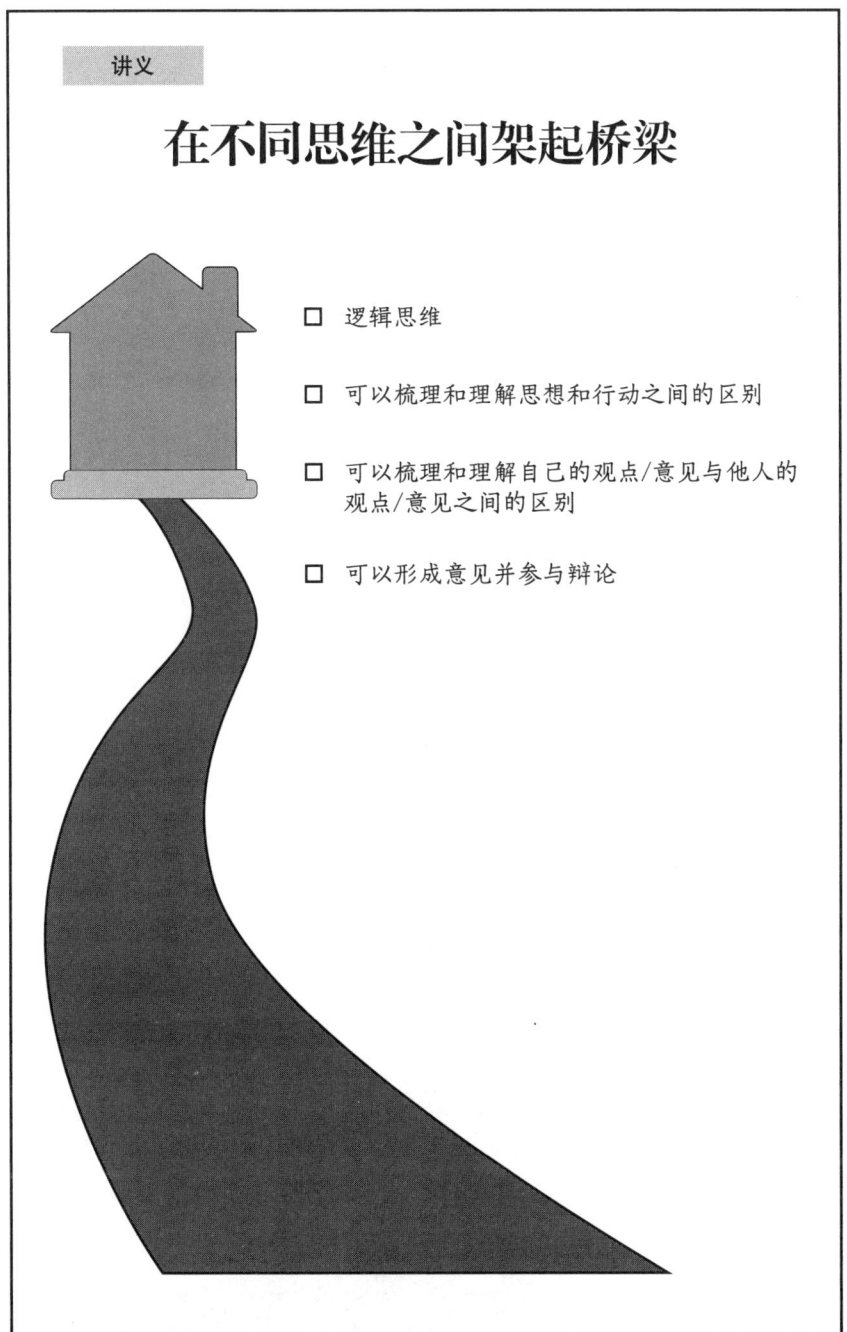

讲义

孩子处于哪个阶段?

☐ **地基**：孩子能够平静下来并集中注意力吗？

☐ **框架**：孩子是否愿意与他人交往？

☐ **布线**：孩子是否能够采用任一方式进行一来一回的互动？

☐ **房间**：孩子一来一回的交流是想述说还是询问什么？

☐ **装修**：孩子是否使用文字、符号、技巧或游戏来交流想法？

☐ **车道**：孩子是否能运用逻辑思维并理解他人可以有不同的意见和想法？

Copyright © 2019 Mona Delahooke. Beyond Behaviors. All rights reserved.

回到这个问题：自上而下还是自下而上

前文首先讨论了如何找到行为的根源以及将我们的支持聚焦在何处：是自上而下还是自下而上？大家知道婴儿的所有能力（和行为）都是自下而上的，因为支持更高层次思维能力的大脑神经通路仍在发育中。在出生时，人的大脑威胁检测系统就已开始全面运行。但是，帮助人们计划、思考、学习和稳定情绪的脑区，需要随着时间的推移建立一定的神经连接，才能最终使人获得自上而下的控制能力。

如何通过对社会性和情绪发展之屋的理解来确定行为是自上而下还是自下而上的？可以这样简单地区分：在前面探讨的那些阶段中，前4个主要代表自下而上的功能，后2个则代表自上而下的处理方式。

重要的是，我们要记住这些过程是动态的，它可能因孩子经历的不同而发生调转。在任何时候，孩子（或成人）的社会性和情绪发展之屋的不同部分，都可能正在重塑。关键是要实时对孩子的情况进行了解，他处于哪一个阶段？并始终关注最早的问题行为发生的阶段（从打地基的时候算起）。

当我第一次接触"首先关注打基础的阶段"这一理念时，我的孩子已读小学，这个理念开启了我的思路。作为一名儿童心理学家，我从未以这种方式来认识人的社会性和情绪发展。我所接受的教育和培训侧重于孩子的安全依恋的重要性，对认知－行为方法的理解较为片面，没有意识到大脑和身体通过协同工作而形成重叠的体验。因此，我经常陷入陷阱，误以为我的孩子的问题行为是故意的。而实际上，很多时候，那是孩子在经历自下而上的压力反应。

有一天我刚结束会议回到家，发现女儿正在度过特别难熬的一天，她拒绝做家庭作业。我决定尝试新的方法，而不是急于解决问题。我在她房间的地板上坐下来，转变固有的意识，以一种新视角来建立同理心。我意识到我今天没能陪伴她，可能会增加她在这学年开始时的压力感受。当我意识到她正在遭受痛苦，而不是故意通过问题行为来为难我时，我很快就擦掉眼泪振作起来。她疑惑地看着我，仿佛在问："你在我的房间做什么？"我告诉她我想陪她坐一会儿，因为我在会议期间没能陪伴她。

大约 30 分钟后，她抬起头，开始和我谈论她在学校与同伴相处时遇到的困难，我们坐着聊了 1 小时。在这个个人范式转变之前，我认为最重要的问题是她对家庭作业的逃避，而现在证明那只是冰山一角，她的压力以及需要我的沟通和关怀，才是冰山以下的部分。

这种对社会性和情绪发展的更全面的理解，主要归功于婴儿心理健康和早期干预领域（非我熟知的心理学领域）的研究，真正改变了我与自己的孩子，以及我与病人及其家人的互动方式。一旦我理解了社会性和情绪发展的阶段，我就清楚地知道，我需要更多地了解人类的压力反应，以及压力如何轻易地破坏我们自上而下的能力。

波格斯的多层迷走神经理论，特别是神经感知的概念，以及格林斯潘和维尔德的发展阶段理论构建了一座桥梁，将社会性和情绪发展与自主神经系统的运行结合起来。为了让家长、教师或支持者帮助孩子构建他们的发展之屋，我意识到我们需要对两者都具有基本的理解和掌握。因此，我开始对自主神经系统、身体和大脑的令人难以置信的威胁检测系统，以及干预问题行为的方法进行实践研究。

自主神经系统的不同通路

许多专业人士使用颜色系统来教导人们如何发展自我调节和情绪控制能力。[17] 我以一种截然不同的方式来使用颜色；不是教孩子如何提升能力，而是让成人实时了解孩子（和他们自己）的自主状态。换句话说，我使用颜色作为指导，告诉人们如何衡量他们与儿童的互动情况，以促进生理和情绪的共同调节。

以下颜色图表改编自利拉斯（Lillas）和特恩布尔（Turnbull）的著作，其中行为及其相关颜色代表自主神经系统的特征和不同程度的压力反应，或平静和注意力的水平。[18]

颜色代表由多层迷走神经理论定义的三种自主反应通路的激活。最古老的通路是原始的背侧迷走神经系统（dorsal vagal system），通过僵住和封闭来保护我们免受生命威胁。[19] 第二条通路是交感神经系统（sympathetic nervous system），通过调动"战斗或逃跑"反应来保障我们的生存。[20] 最新的通路——腹侧迷走神经系统（ventral vagal system），在安全的条件下支持人的社会参与和联系。[21] 在本书中，我将分别用蓝色、红色和绿色描述这三种主要通路。

我使用简单的颜色图表作为这些复杂的大脑术语的简写。这是一种简单的方法来为儿童（或我们自己）的状态编码。当孩子们处于**绿色（腹侧迷走神经）通路**时，他们可以进行交流、游戏和学习。正如治疗师德布·达娜（Deb Dana）所说："当我们稳定地行走在腹侧迷走神经通路时，会感到安全、与他人联系、平静和社会化。"[22]

在自主神经系统的**红色（交感神经）通路**中，个体可能经历心跳加速、出汗和其他被激活的迹象。在红色通路中，孩子会调动自适应的能量来抵抗神经感知所监测到的威胁。[23]

在**蓝色（背侧迷走神经）通路**中，人的身体正在对极端危险的信号做出反应。[24] 这时，人体可能会出现心跳和呼吸速度减慢的情况，这是个体在生存的本能中处于节能或退缩的自适应状态。我们有时会忽视蓝色通路中的孩子，因为他们没有表现出明显的行为困难。但是这些孩子很脆弱，风险很高，所以我们必须密切关注那些不一定能表现出我们通常认为的有问题行为的孩子。

通过颜色对自主神经通路进行分类的三种方式与特定的行为对应。我们可以通过观察孩子的眼睛、面部、声音、身体、运动的速度和节奏的特征来寻找线索。

这些通路起到雷达的作用，提醒我们孩子所处的状态以及需要怎样的帮助。正如第 1 章所讨论的，在与孩子互动交流的过程中，基于这些自主神经通路的特征而得出的儿童生理状态，远比 DSM 的诊断有效，懂得行为只是每个孩子神经系统的自适应方式，远比只是追踪行为本身有效。

为什么孩子的自主神经通路如此重要？因为绿色通路是通向健康的社会性和情绪发展的路径。在红色或蓝色的通路上，大脑专注于基本生存，而不是人类的参与和联系。正如我们将在整本书中看到的，如果缺乏这种理解，我们的工具和技术在应用于处于绿色通路之外的儿童时效果很不理想。

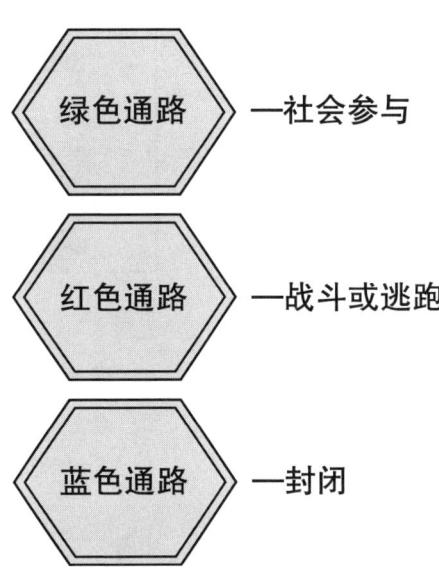

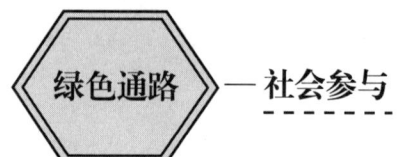 — 社会参与

眼睛
- ☐ 明亮、有光泽的眼睛
- ☐ 直视人和物体
- ☐ 转移视线片刻后,重新回到目光接触
- ☐ 看上去机敏,能接收信息

身体
- ☐ 放松,保持良好的肌肉张力
- ☐ 稳定、平衡和协调的运动
- ☐ 婴儿将手臂和腿移向身体中心
- ☐ 照料者抱着婴儿时,婴儿会根据成人的臂弯调整身体
- ☐ 根据环境的不同,加快或减缓身体移动的速度

面部
- ☐ 微笑,表现出快乐
- ☐ 平静
- ☐ 可以表达所有情绪

声音
- ☐ 笑
- ☐ 声调有变化

节奏/运动速度
- ☐ 顺利改变以适应环境
- ☐ 动作不会太快或太慢

Copyright © 2019 Mona Delahooke. *Beyond Behaviors*. All rights reserved.

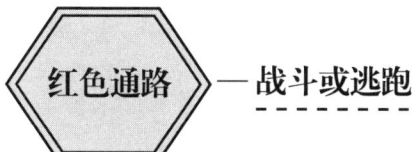

红色通路 — 战斗或逃跑

眼睛
- ☐ 睁眼、眯眼或闭眼
- ☐ 可能有直接的、热烈的目光接触
- ☐ 目光向上滚动
- ☐ 眼睛快速地扫视房间

身体
- ☐ 手指张开
- ☐ 弓背、紧张的身体姿势
- ☐ 动个不停
- ☐ 推推搡搡地闯入他人的空间
- ☐ 咬、击、踢、跳、扔
- ☐ 撞上东西、跌倒
- ☐ 威胁的手势（晃动手指或拳头）

面部
- ☐ 张大嘴
- ☐ 愤怒、厌恶
- ☐ 皱眉、鬼脸
- ☐ 假笑、勉强地笑
- ☐ 下颌紧收、咬紧牙关

声音
- ☐ 大哭大闹、大喊大叫
- ☐ 声音很大
- ☐ 充满敌意或脾气暴躁
- ☐ 讽刺的语气
- ☐ 失控地笑

节奏/运动速度
- ☐ 动作很快
- ☐ 冲动的举动

Copyright © 2019 Mona Delahooke. *Beyond Behaviors*. All rights reserved.

 蓝色通路 — 封闭

眼睛

- ☐ 呆滞的双眼（眼神空洞）
- ☐ 目光移开很久、目光向下
- ☐ 看起来昏昏欲睡/疲倦
- ☐ 不会环顾房间寻找兴趣点
- ☐ 眼睛更多地看物品而不是看人

面部

- ☐ 表情木讷
- ☐ 闭上嘴巴、伤心

声音

- ☐ 音调很平
- ☐ 几乎没有声音
- ☐ 听起来很冷、很轻、伤感，过于安静

节奏/运动速度

- ☐ 动作缓慢
- ☐ 开始移动很慢

身体

- ☐ 塌陷/萎靡不振
- ☐ 肌肉张力低
- ☐ 几乎没有兴致玩，没有好奇心
- ☐ 徘徊
- ☐ 僵住或移动缓慢

改编自 *Infant/Child Mental Health, Early Intervention, and Relationship-Based Therapies: A Neurorelational Framework for Interdisciplinary Practice*, by Connie Lillas and Janiece Turnbull. Copyright © 2009 by Interdisciplinary Training Institute LLC and Janiece Turnbull. Used by permission of W.W. Norton & Company, Inc.

Copyright © 2019 Mona Delahooke. Beyond Behaviors. All rights reserved.

当然，每个孩子都是独一无二的，都有自己的阈值和偏好，这些颜色所代表的行为模式是人类不同状态下的生理反应的信号，是适用于大多数儿童的有用的指标。当然，使用这种行为观察的方法也存在一定局限性，因为它依赖于我们可观察到的内容。对于某些个体，包括许多自闭症谱系人群，他们在身体/大脑连接上存在的差异会影响面部和身体运动（换句话说，他们的面部表情、手势或肢体语言可能无法准确反映内部自主神经兴奋的程度），第8章将详细解释这一点。第9章将介绍颇有前景的"感知"技术，它为存在运动差异的孩子提供潜在的"替代方案"。

孩子会不时在不同的通路间切换、循环。关键是让他们不要停留在红色或蓝色的通路太久或表现过度。[25] 当人们以健康的方式应对压力时，就可以根据面临的情境进行恢复调整，从而回到绿色通路上。如果我们做不到，并且压力持续太长时间，最终就会陷入毒性压力的模式中。[26]

为什么知晓这些非常重要？我们常常还没有理解孩子的行为根源，就匆匆做出应对。相反，我们需要暂缓行动并思考：孩子的行为是自上而下还是自下而上的？这是基于发展性的问题行为、一种压力反应，还是一种有意识的、故意而为的举动？

唯有严谨和准确地找到这些问题的答案，才能够设计出最有效和最有益的应对方案。

成功案例：将儿童发展水平作为治疗指南

当我们能够准确地观察孩子的发展水平并做出正确的反应时，会出现怎样的情况呢？基拉的案例或许能给你一些启示。基拉原本是一个活泼的孩子，自从进了幼儿园，她的困难生活就此开始。父母将她送到幼儿园时，她经常哭泣，大部分时间一个人待着，不和其他孩子交往。

幼儿园的专业团队对她评估后发现，这个孩子有轻微的语言发育迟缓和社会交往困难。幼儿园安排她去上一个语音和语言的训练课，课程的目的是通过一些方法教孩子如何感受和沟通，比如使用闪卡学习如何识别面部表情。但课程并没有改善基拉的行为，事实上还加剧了她的问题，她害怕言语治疗师叫她，她的焦虑和警惕性增加了。

第二年夏天，基拉去看了一位发展性言语治疗师，她提出了不同的方法。治疗师首先评估了基拉的自主调节（颜色通路）状况和发展过程（她的社会性和情绪发展之屋），了解它们如何影响她的行为。换句话说，治疗师先从这个问题入手：是什么让基拉无法在绿色通路中与同伴正常交往？她通过评估找到了答案。尽管基拉可以使用语句来表达基本需求，但她的社交沟通（发展阶段1—4）的基础实际上仍未构建好。

所以治疗师把重点放在帮助基拉的母亲为孩子建立绿色通路上，这是发展孩子社会性功能的第一步。她设定的主要目标是：让母女俩在感到安全的状态下一起玩乐。她让基拉和妈妈在轻松的互动游戏中体验一种舒适愉悦的来回交互的节奏，而不是教导或要求基拉完成任何任务。关键是让母女俩体验和共享互动的快乐，以此增强基拉的社会性和情绪发展所需的弱肌肉群。

到夏天结束时，基拉的行为就发生了变化。她开始在操场上接近其他孩子并主动与他们一起玩耍。过去她的社会问题解决能力发展滞后，现在达到了同龄人的水平，治疗师的计划奏效了。她采用了基于儿童发展和社交关系的策略，而不是那些试图"教导"基拉社交技能的通用方法。在关系安全的状态下，基拉的社会参与行为自发地出现。随着时间的推移，拒绝上学、回避同龄人、不主动玩游戏等相关的其他问题，都得到了解决。

本章将探讨，如何让基拉这样的孩子受益？在决定如何应对行为问题和设定目标之前，要先对他们的发展水平和自主状态进行评估，分析其行为是自上而下还是自下而上的？基于这种认识，只要找到了解决问题的答案，我们就可以在正确的方向上努力，掌握如何最大限度地支持每个孩子的方法。

有时，孩子需要在帮助下才能形成自上而下的思维模式，有的孩子需要先从身体上获得支持，通常，我们要同时从这两方面来支持孩子。请记住，一定要从了解孩子的自主神经通路入手。将所有线索整合在一起看似复杂,实际却非常简单。在特定情况下考虑好使用哪种方法,就可以大大增强我们帮助儿童改善问题行为的能力。拥有这种智慧,我们就能够开启孩子参与社会交往的大门,并在这个过程中,重新"调整"他们的神经系统。[27]

讲义

儿童和成人的
房屋和通路

你的角色是什么？
家长/照料者_____ 教师_____ 治疗师_____
从业者/服务提供者_____ 其他_____

☐ **基础**：孩子处于哪一个通路中？
　　　　绿色____ 红色____ 蓝色____

☐ **框架**：你和孩子积极参与互动吗？

☐ **布线**：你和孩子进行一来一回的沟通吗？

☐ **房间**：你们的沟通有成效吗？

☐ **装修**：孩子能够描述其感受、担忧或问题吗？

☐ **车道**：你们是否正在搭建一座通往解决方案的桥梁？

Copyright © 2019 Mona Delahooke. Beyond Behaviors. All rights reserved.

前面我们已学习了社会性和情绪发展阶段的基础知识，以及如何鉴别行为是自上而下还是自下而上的方法，对于如何帮助儿童改变问题行为有了更深入的理解，下一章将开启第三个领域：欣赏个体差异。

要点

- 当我们遇到孩子的问题行为时需要了解：这种行为的原因是自上而下还是自下而上的？
- 自下而上或自身体而上的行为是反射性的，出于自我保护的自动反应，不涉及有意识的思考。
- 自上而下的思维随着时间的推移而得到发展，最终让人能够有意识地控制行为和冲动，学习和反思自己的行为，并追求长期目标。
- 尽管大多数孩子在 3.5—4 岁时开始"努力控制"他们的行为、注意力和冲动，但这些能力可能需要更长时间才能得到完全发展。
- 社会性和情绪发展的 6 个阶段说明了儿童如何通过与照料者的社会交往来逐步发展控制行为的能力。
- 3 种不同颜色的通路代表了多层迷走神经理论描述的自主神经兴奋程度的 3 个主要状态：背侧迷走神经（蓝色）通路涉及僵化和保存能量，交感神经（红色）通路激活战斗或逃跑的行为，以及腹侧迷走神经（绿色）通路支持社会参与和联系。

第3章
个体差异

> "永远记住,你和其他人一样,
> 都是世上独一无二的存在。"

玛格丽特·米德(Margaret Mead)

承认每个个体的独特性,我们就不难理解孩子的故意的不当行为与根据身体信号做出的适应性行为之间的本质区别。由此,我们对于行为问题的解释和解决方案,不再基于个人偏见或有限的专业范围。此外,理解了个体差异,就会明白为什么在同一情境下,两个孩子的反应不同。[1] 我们通过收集有效信息来制订个性化的治疗、教育和教养方案。

本章将列举一些我所知的个体差异的例子,这些案例对于如何改善情绪和行为有借鉴意义。本章中的案例是个体差异的 4 个主要类别的例证,不过,它们并不能代表全面的治疗实例。在为每个孩子构建发展冰山模型的同时,本章将重点介绍每个类别的特征,并探讨如何更好地理解问题行为。本书的第二部分(第 4 章、第 5 章和第 6 章)将讨论如何应用这些知识。

体内变化的过程、感受、情绪和思想

究竟什么是"个体差异"？个体差异是塑造人如何接纳和回应周围世界的特征和品质，它受遗传和环境的影响，包括体内变化的过程、感受、情绪和思想的方式。[2] 在本章中，我们将学习儿童的个体差异如何导致问题行为。我们将遵从神经发展的阶段顺序，从身体的一般水平到如何处理感觉，最后到情绪和想法，讨论这些个体差异的一般类别。自下而上影响行为的因素（如饥饿、血糖水平和疾病）与自上而下影响行为的因素（如有意识的思想或想法），因个体不同而存在差异。为了强调这种差异的重要性，让我们开始讨论身体如何影响孩子的行为。

下面通过里奇的故事加以说明。

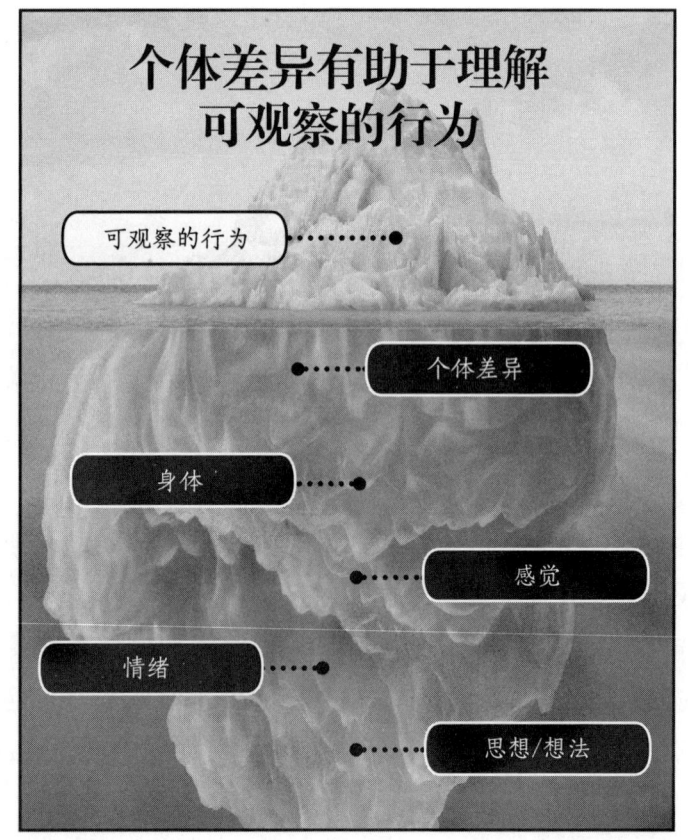

里奇：体内变化过程对行为的影响

里奇的 1 型糖尿病揭示了体内的变化过程和行为之间的关系。他 7 岁时突然出现极度口渴、嗜睡和尿频的症状。几周后，一位儿科医生诊断出他患有青少年糖尿病。父母得知此事后感到沮丧和害怕，这种疾病无法治愈，因此会永远改变儿子和家庭的生活。在最初的休克消失之后，他们都学会了如何控制病情，控制糖尿病成为日常生活的一部分。

当里奇上三年级时，父母注意到他经常因作业而情绪失控，他有时会因一个小错误将整页作业撕毁。有时面对一个简单的任务，他会用手"砰"地拍桌子并冲着妈妈大喊大叫。早些时候，照看里奇的执业护士指出血糖水平波动会导致情绪变化、烦躁甚至非理性行为，压力也会影响血糖水平。里奇的表现证明了这一点，当血糖水平上升时他会感到非常沮丧，当他开始出现不安和不合作状态时，经常需要立即进行干预（皮肤刺激和药物调整）。帮助里奇管理自己的情绪状态让整个家庭倍感压力。

当我们开会讨论里奇的干预策略时，帮助他管理和预防血糖波动成为最基本的目标。这是一个敏感和具有挑战性的设想，因为里奇抗拒参加血糖测试，他觉得测试很烦人，打扰了他的正常活动。父母用日记来记录和分析他的行为时发现，他的血糖水平明显严重影响了他的情绪和行为规范，因为要不时警惕他的行为并加以干预，家人整日生活在压力之中。

后来，里奇的父母设计了一些方法来帮助儿子进行医疗自理。征得他父母的允许后，我与他的执业护士进行了交谈，以便更多地了解他的病情，来帮助里奇变得更加积极主动。然后我和他的父母在没有里奇在场的情况下见面，他们设计了创造性的解决方案，帮助他们的儿子更好地应对频繁的血糖波动。

里奇的父母允许里奇提出创造性的方式，让他更好地控制血糖测试，帮助他变得平静和增强合作意识。里奇喜欢和他们一起玩"上学"游戏并喜欢扮演教师的角色，他们买了一块大白板放在家里，作为"上学"游戏的道具。里奇发现在白板上写下对自己的提醒很管用，比如低血糖水平（低血糖症）和高血糖水平（高血糖症）的早期迹象以及应对方式。

里奇自愿为同班同学上了一堂关于青少年糖尿病的课程，为自己和朋友揭开青少年糖尿病的神秘面纱。这堂课让他有一个意外的收获：他能忍受如此频繁的针刺的痛苦，这让同学们感到好奇，并被他的勇敢深深打动。里奇的演讲结束后，同学们提出了许多问题，这让他获得了自豪感和成就感。

通过更好地管理血糖波动，加上对压力水平的管理，包括每周一次的父母/孩子瑜伽课程，里奇的问题行为明显减少。帮助里奇及其家人的关键在于，让他们理解孩子的行为和糖尿病之间的联系。

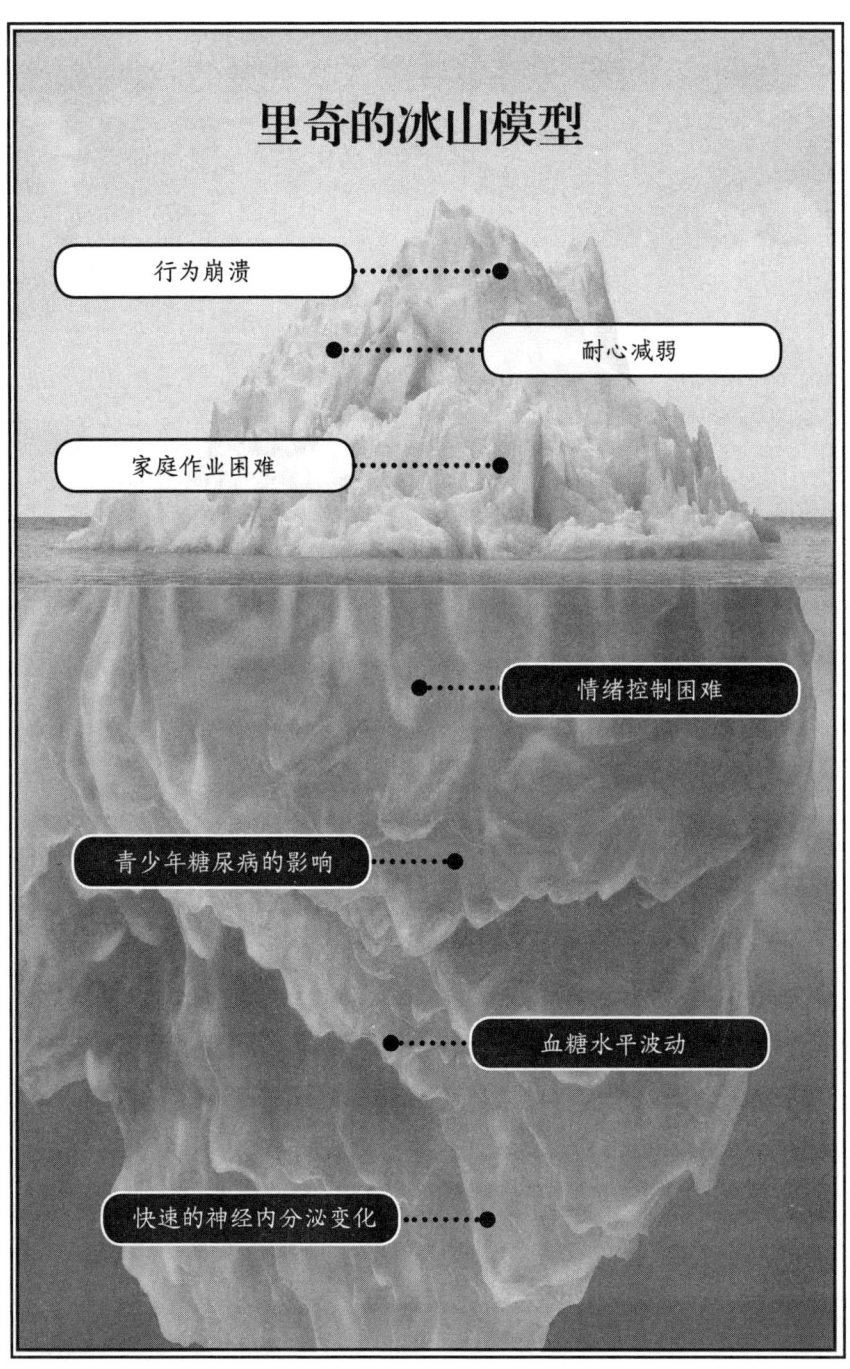

莱昂：身体内隐记忆造成的情绪和行为挑战

里奇的故事向我们展示了孩子体内的生理性变化如何引发了问题行为。正如我们在莱昂的故事中所发现的那样，有时身体感觉和由此产生的情绪编码发生在生命的早期。莱昂是母亲怀孕第 33 周出生的早产儿，虽然他的体重接近 1.8 千克，但他呼吸困难并难以维持最佳体温状态。被感染后，他在父母的陪伴下，在新生儿重症监护室度过了数周。虽然医院的工作人员很友好，新生儿重症监护室的环境毕竟不是好的养育场所。父母尚处于儿子早产的震惊的恢复过程中，他们轮流坐在他的床边，看着一队医务人员监控他脆弱的身体系统。每当看到他们从莱昂的小脚跟抽血，母亲就开始哭泣。她想要保护儿子免受痛苦，但她知道孩子的生命必须依赖侵入性治疗和医疗计划才能得以生存。她和孩子的父亲感到无助，日子一天天地过去，大家用了长达数周的努力来挽救莱昂的生命。

幸运的是，莱昂活了下来。8 周后，父母终于将他从医院带回家。他们注意到的第一件事就是他对环境的敏感程度。如果有人打开房间的灯，他的整个身体就会蜷缩起来。另一方面，当有很多背景噪音时，他似乎睡得更好。不幸的是，6 个月时他因支气管感染回到医院，住了几周院。用父母的话说，这是他生命的第一年中所遭遇的过山车式的又一次创伤性破坏。

18 个月的时候，当莱昂一听到突然响起的声音，比如吹风机或冲马桶的声音，就会哭。他还害怕那些与医生办公室相似的地方，并在进行免疫接种和常规儿科就诊时感到恐慌。当他 2 岁时，父母发现他很难在新的地方保持冷静，所以从来不把他带到公共场合。当父母带着莱昂，一家三口人来见我时，他们形容孩子控制欲强、黏人、爱发脾气。

我们猜测，作为一个婴儿经历的痛苦的医疗过程已经将莱昂的身体送到一条他无法逃脱的红色通路上，形成了与某些感觉相关的潜意识记忆，如灯光和噪音。这些早期的感官体验，以及他的体质和基因特点，形成了一个很容易被触发的威胁检测系统。结果，这个脆弱的幼儿难以忍受许多日常的普通刺激，包括那些在嘈杂的幼儿园环境中的刺激。他的适应方式和努力让自己感到安全的做法是自身体而上的控制、黏人和抗议。

　　莱昂的治疗团队里有一位有洞察力的发育儿科医生，他在帮助孩子向幼儿园过渡时感到很棘手，于是将这家人推荐到我这里。我们与他的父母和教师合作制订了一项计划，帮助莱昂在课堂和家中放松并感到安全。通过培养和调节关系，加上儿童发展专家解决他的环境敏感问题，莱昂最终学会了如何在感到不舒服的情况下与成人沟通，并表达他在身体和情绪方面的感受。莱昂明白他可以谈论那些困扰他的事情。随着时间的推移，他用自上而下的思维来克服他的身体反应和感受，从而印证了蒂娜·布赖森和丹·西格尔关于人际神经生物学（interpersonal neurobiology）的名言："如果你可以定义它，你就能够驯服它。"[3]

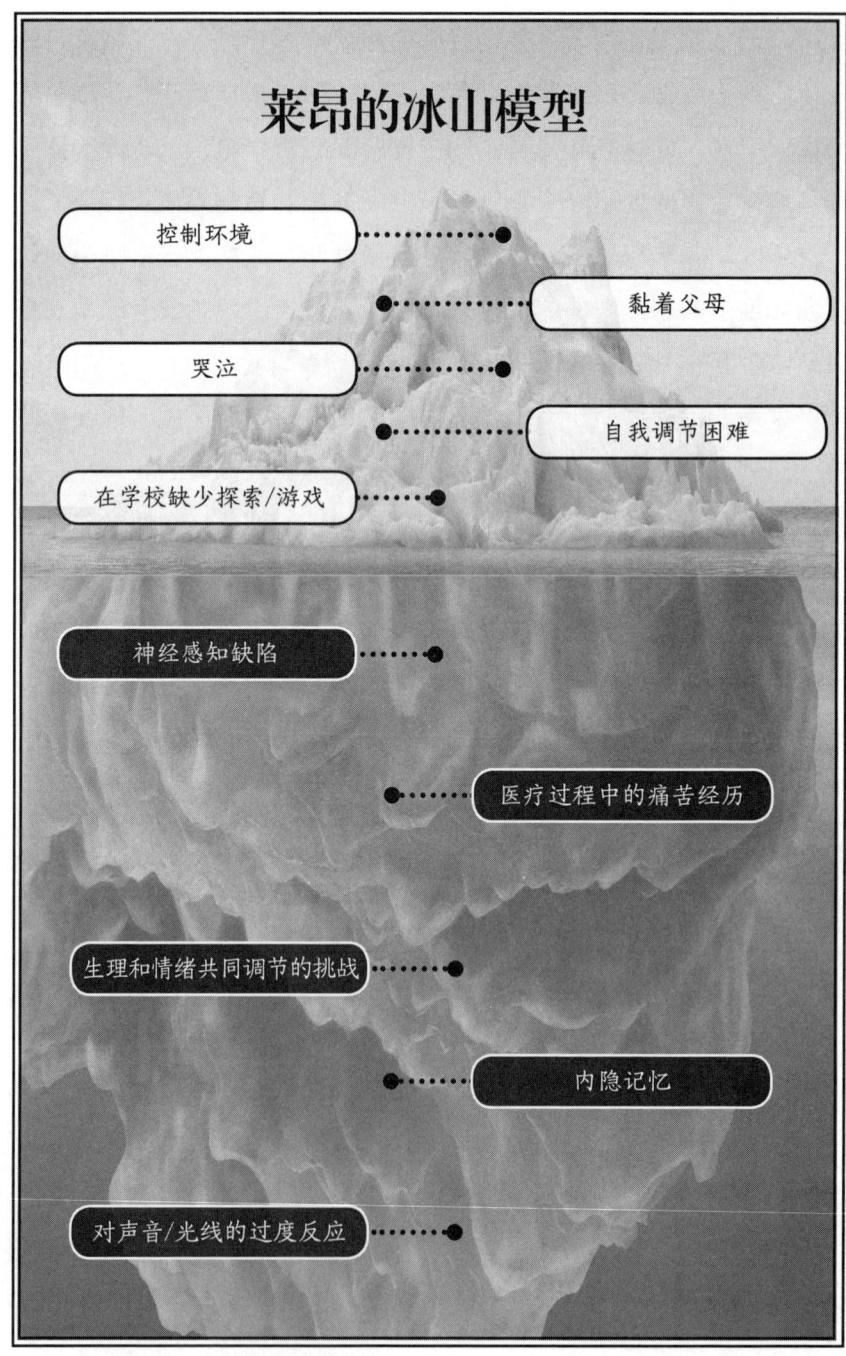

我通过长期的观察发现，经历过侵入性医疗过程、早年创伤或其他自己无法控制的身体或情绪痛苦等事件的儿童，他们的神经系统往往处于更高的警惕状态。这种过度警惕可能导致分离恐惧、违抗、黏人或试图控制人或环境的行为。这些行为是孩子对最初缺乏控制的环境的一种适应性表现，明白这一点非常重要。在本书的后续章节中，我将讲解如何创造性地帮助父母增强安抚孩子和与之沟通的能力，来减轻医疗毒性压力或由于父母/孩子互动失调所带来的不利影响。**它有利于构建父母和孩子的绿色通路，这类问题不应该归于心理健康的层面，而应视为适用于所有儿童的全面医疗的一部分。**

身体和行为控制

许多孩子的身体状况会影响他们控制情绪和行为的能力。其中可能包括饥饿或口渴等基本感觉、慢性疼痛、遗传疾病、肠道问题（包括便秘和腹泻）、营养状况（包括血糖水平）、睡眠周期或身体疾病。与链球菌感染相关的一种疾病——儿童自身免疫性神经精神障碍（pediatric autoimmune neuropsychiatric disorders associated with streptococcal infections，PANDAS，又称为熊猫病），被认为会引起强迫症行为，这种行为往往突然发作或在症状恶化的情况下发作。与熊猫病相关的其他行为包括以下几种。[4]

- 注意缺陷/多动障碍症状（多动、注意力不集中、烦躁不安）。
- 分离焦虑（孩子很黏人，很难与照料者分开。例如，孩子想和父母待在一个房间里，不愿分开）。
- 情绪变化：如烦躁、悲伤、情绪不稳定（常常在不适当的时刻，出乎意料地笑或哭泣）。
- 睡眠困难：夜间尿床、白天尿频，或两者都有。
- 运动技能的变化（例如书写的变化）。
- 抽搐。
- 关节疼痛。

与孩子的儿科医生或知识渊博的医疗专业人员沟通探讨这些突发性的严重行为困难非常重要。如果行为症状具有生物学起源，则制订解决方案时需要考虑这些生物触发因素，否则，方案将不足以实现对儿童行为干预的目标。

我们通过感官来理解世界

现在我们来探讨感觉的不同水平如何影响童年期的行为。首先解释一下，作为一名心理学家，为什么我会对一本关于问题行为的书中所涉及的感觉统合的内容如此关注。

当我决定进入早期儿童发育和婴儿心理健康这个细分专业领域之后才发现，作为一名持证心理学家，我在训练和学业方面有太多欠缺。我的博士培训包括笛卡尔身心二元论，即相信心理过程可以在不深入考虑身体反馈的情况下被洞悉。这使我的临床概念化得到了简化——专注于可观察的行为，而不是潜在的过程，从而过度依赖自上而下的思维方式和"思维过程"。

我意识到，需要额外的培训我才能真正了解那些幼儿和有发展差异的孩子，并给予帮助。出乎意料的是，我后续学习的内容也改变了我对自己、自己的孩子以及整体心理健康领域的观念。我参加的第一个培训项目在一所大型城市儿童医院，我积极参与了一个多学科团队的活动，这是一个具有不同学科背景、通过不同视角评估婴幼儿的专业团队。有一天，当我听到几位接受过感觉统合培训的职业治疗师对一个孩子的评论时，我的大脑顿时灵光一现。我突然意识到，如果不了解孩子如何通过他们的感觉系统认知世界，我们就无法理解孩子的行为。直到今天，我对心理健康（和教育）培训项目的最大不满是没有教授身体/大脑的反馈循环，以及它如何影响儿童的自身体而上的行为。这是我们经常误解问题行为的原因之一，所以我才要在下一节中讨论如何基于个体差异来考虑感觉统合的影响。

感觉统合：我们如何理解这个世界

儿童（和所有人类）通过感觉系统理解和解读世界。感觉统合对于儿童发育至关重要，这方面的研究被归为职业治疗的一个领域。**尽管感觉统合是我们解读儿童行为问题以及如何干预这一难题的基础，但它在儿童整体发展中的作用尚未以任何方式融入心理健康、教育或社会工作领域。**换句话说，很少有人真正重视它。尽管有关感觉统合的研究成果可信度很高，也曾有人强烈建议将感觉统合的诊断纳入DSM的最新版本，但DSM-5在最终版本中还是鲜有提及。[5] 虽然在医学和心理健康学界中有一些人对此有所排斥，但在我看来，让所有儿科专业人员都认识到感觉统合差异对于儿童发展和行为的影响，只是早晚的问题。

我们需要了解儿童的感觉系统，以确定情绪和行为方面的问题是否与感觉统合失调有关。感觉系统的重要性还在于，我们能够根据它制订个性化的自下而上的方案，帮助孩子平静下来，进入学习、探索和成长的绿色通路。

正如我第2章中解释的那样，对于婴儿和幼儿要从下往上操作，因为他们的大脑皮层，即与有意控制和心理活动相关的大脑部分仍在发育中。年龄较大的儿童、青少年和成人在红色或蓝色通路上也可以进行自下而上的操作。对感官偏好的理解能力，能帮助我们在人的整个生命周期中找到支持性的解决方案。

为了开发儿童的思维大脑，简单与孩子交谈或要求他们遵守规则是不够的，我们需要了解如何从身体上帮助儿童，才能帮助他们激活自上而下的思维大脑。在接下来的篇幅中，我将通过两种方式介绍儿童的感觉系统，包括感觉系统是什么，以及儿童的感觉反应过度或不足是如何导致情绪和行为失调的。第4章将探索如何利用孩子的感觉偏好，来指导我们在孩子处于红色通路时帮助其平静和减压，在孩子处于蓝色通路时提供向上调节的支持。

基于感觉的记忆

卢卡斯是一个 5 岁的男孩，他的父母发现他经常做出一些出其不意和令人困惑的举动。有些日子他醒来时表现得很高兴、精力充沛，但更多的时候，从睁开眼睛的那一刻起，他就脾气暴躁、抗拒一切，无论刷牙还是穿上父母挑选的衣服。如果父母不按照卢卡斯想要的方式满足他，他就会在最轻微的刺激中大哭大闹、小题大做，还推搡他的小妹妹。

当我深入研究他的成长经历时，从他父母口中得知，卢卡斯在 2 岁时全身长满了一种无法诊断的皮疹。虽然它在几周后消失了，但是皮疹让卢卡斯感到很不舒服，以至于他无法忍受衣服对皮肤带来的刺激。从那时起，用他父母的话说，他成了"家里的老大"，他只愿意从三件柔软材质的上衣中挑一件穿，当让他穿其他衣服时他还表现出愤怒。皮疹出现几个月后，卢卡斯的妹妹出生了，这给他增添了额外的压力。

由于这种行为在皮疹后很快出现，我猜测即使强烈的瘙痒已经消失，卢卡斯也保留了这种强烈的"身体记忆"。他的行为很可能是将这些痛苦的感觉记忆与他当时的生活经历联系起来的反应。

正如卢卡斯的故事所示，大脑将我们从环境中获取的感觉与情绪结合起来，形成对过往经历的有意识或潜意识的记忆。这被称为感觉与情绪的双重编码。[6] 它通过身体和大脑之间的双向沟通产生。大脑很容易"记住"负面的感觉体验，从而保护我们不再重蹈覆辙。但有时候这些潜意识记忆会导致过度警觉，孩子过度控制或行为冲动并进入红色通路，就是他们对这种过度警觉做出的反应。卢卡斯就属于这种情况。

第 2 章中讨论了"自下而上"和"自上而下"的行为，我帮助卢卡斯的父母理解这两种行为起因之间的区别。从感觉统合的角度解释他由此而引发的自下而上（隐藏在表面之下）的行为，这减轻了他父母的焦虑，之前他们一直在责备自己并担心他们的儿子。

职业治疗师让我明白感觉统合对行为的强大影响，他们敏锐地发现"自下而上"的感觉统合会影响孩子对身体和社会环境的反应和联系。这种见解极大地提升了我对问题行为的理解和帮助孩子的能力，它也让我看到了自己所在的心理学领域的自上而下的偏见有很大局限性，使人们经常无法识别或重视"自下而上"的因素对儿童问题行为的影响。

格林斯潘和维尔德博士认为早期对普通感觉的敏感性是引发其他状态（如焦虑）的"发展性路径"。[7]他们发现，具有某些感官特征的儿童更容易出现情绪调节困难，正如我们所知，这将直接影响他们对行为的控制。事实上，研究表明，具有感觉过度反应的儿童更容易出现焦虑，并且他们的家庭会因此而遭受破坏和痛苦。[8]在我的临床实践中，我也发现那些表现出对环境的焦虑或控制的幼儿，往往同时具有早期敏感性问题。

家长、教师和心理治疗师往往不熟悉感觉统合如何影响儿童的行为。幸运的是，普罗费可顿基金会（Profectum Foundation）、跨学科发展与学习委员会（Interdisciplinary Council on Development and Learning，ICDL）以及丹佛星星中心（STAR Center）等组织已经开始向公众普及感觉统合与行为之间的联系的知识，当孩子因感觉问题引发问题行为时，应抱有积极心态（少些责备）。（上述及其他类似组织的列表，请参阅本书的"资源"部分。）

什么是感觉统合

感觉系统使我们能够听、看、触摸、闻、品尝和感知运动，为我们的人生体验赋予意义。[9]这是一种无须有意识思考的自发反应，只有当我们出现问题时，比如经历重感冒或过敏，出现听觉或味觉问题时，大多数人才会关注自己的感觉系统。而在通常情况下，我们的大脑和身体能够快速有效地理解周围的世界。

每个人都拥有一些自己喜欢、希望再度经历的体验，以及自己不喜欢和希望避免的其他体验。[10]感官体验让我们产生好或坏的感觉，它可以在我们的日常生活中起到帮助作用，或给我们的生活造成困难。作为成人，我们爱听的音乐类型（和音量）、购买的服装（带标签或无标签，聚酯或棉质）、爱吃的食物和身上喷的香水，经常反映出我们的感觉偏好。虽然我们在做出这些选择时很少深思熟虑，但作为成人，我们可以在生活和工作环境的一定限度内，选择那些能让我们感到舒适的物品，而儿童通常没有这些选择。

了解儿童的感觉系统为我们开启了一个窗口，从中我们可以探知问题行为的潜在触发因素，探寻儿童在挣扎时如何返回绿色通路的有效策略。为了更好地探索和理解环境触发因素，并运用感官体验来帮助儿童缓解痛苦，让我们先回顾一下主要的感觉系统。

我们都熟知身体的 5 个主要感觉系统：听觉、视觉、嗅觉、味觉和触觉。露西·简·米勒（Lucy Jane Miller）博士是一位职业治疗师，也是感觉统合失调领域的杰出研究人员，她指出人类还有另外 3 种感觉系统：前庭觉、本体觉和内感受性。下面是米勒和比亚莱（Bialer）对感觉系统的描述。[11]

- **听觉**：听觉系统处理和解读声音信息。听觉能力使我们能够区分声音来自前方还是后方。
- **视觉**：视觉系统通过眼睛将环境中的信息输入大脑。
- **嗅觉**：嗅觉系统对于进食非常重要，它可以提高味觉的乐趣，提醒你哪些东西该吃或不该吃。
- **味觉**：味觉系统提供我们所品尝的食物和液体的信息。
- **触觉**：触觉系统是最大的感觉系统，处理从皮肤的感官接受器上收集的信息。
- **空间运动**：前庭系统提供有关头部和身体的位置、加速度及其与重力的关系的信息。
- **肌肉和关节的感觉**：本体感受系统处理来自肌肉和关节的感觉信息。
- **内部感受**：内部感受系统提供来自身体器官和身体内部感觉的

信息。

当我们考虑各种感觉的作用时,可以思考下面两个问题。
- 哪些因素对于孩子保持身心的平静、专注和警觉的能力有影响?
- 这对他的社交关系以及成功参与家庭和学校的日常活动有何影响?

问题行为有时是孩子的身体应对感觉刺激的方式。了解儿童的感觉统合,即他们如何通过各种感觉来解读世界,是我们可以用来分析儿童行为原因的另一个工具。有时,一个或多个感觉通道的反应过度或反应不足会导致儿童早期的行为和情绪受到干扰。

以下工作表将帮助你鉴别儿童是否具有过度反应、反应不足或渴望不同感觉的倾向。对这些问题的初步了解无法代替资深职业治疗师的建议。如果你所面对的孩子属于这些非典型感觉处理类别中的任何一种,那么最好咨询一位在感觉统合方面受过良好培训的合格职业治疗师(或其他专业人员)。[12]

我们所体验的感觉会影响自己与他人的互动。一个或多个感觉通道的反应过度或不足会影响儿童的情绪、生理调节和安全感,从而引发在红色或蓝色通路上的行为。

> 工作表

感觉过度反应清单

在孩子出现的症状旁打钩：

听觉 / 声音

- ☐ 捂住耳朵以保护自己免受响亮的声音的干扰
- ☐ 如果存在背景噪音就很难完成任务
- ☐ 害怕某些环境中的声音，如冲马桶的声音、狗叫、吸尘器和吹风机等发出的声音
- ☐ 害怕去电影院或音乐会

触觉 / 触摸

- ☐ 对某些面料（衣服、床上用品）敏感
- ☐ 不喜欢梳头、理发、淋浴和轻吻
- ☐ 不愿意光脚，特别是走在草或沙上
- ☐ 无法忍受某些衣服的纹理、标签、袜子和裤子的接缝；不愿意穿新衣服
- ☐ 不喜欢手上沾上东西，如黏土、手指涂料、饼干碎屑和污垢
- ☐ 更喜欢强烈的拥抱；怕痒

视觉

- ☐ 喜欢暗光而不是强光
- ☐ 斜视或头痛
- ☐ 喜欢戴帽子以保护眼睛免受阳光直射
- ☐ 避免或恐惧目光接触
- ☐ 容易被墙面装饰或外面的活动干扰，分散注意力

Copyright © 2019 Mona Delahooke. Beyond Behaviors. All rights reserved.

味觉 / 嗅觉

- ☐ 拒绝带纹理的食物
- ☐ 不喜欢某些日常儿童饮食中的味道或气味
- ☐ 对一些别人没注意到的气味敏感和厌恶

前庭觉 / 运动

- ☐ 当脚离开地面时感到焦虑或难受
- ☐ 不愿攀爬或跳跃
- ☐ 害怕上下楼梯
- ☐ 不喜欢或避开自动扶梯
- ☐ 洗头发时不愿意将头部后仰
- ☐ 不愿玩那些移动、摆动和滑动的游乐场设备
- ☐ 被别人挪动身体时感到不安

Monica G. Osgood, et al. *"Profectum Parent Toolbox. Individual Profile Form, Step 2, Webcast 12, Pgs. 4-7, Sensory Responsive Patterns." Profectum Foundation*, 2015. Used with permission of the Profectum Foundation.

Copyright © 2019 Mona Delahooke. *Beyond Behaviors*. All rights reserved.

> 工作表

感觉反应不足清单

在孩子出现的症状旁打钩：

听觉 / 声音

- ☐ 听从指令困难、需要重复指令
- ☐ 被叫名字时没有反应
- ☐ 在完成任务的过程中，嘟嘟囔囔或自言自语
- ☐ 喜欢有嘈杂的声音和音乐的环境

触觉 / 触摸

- ☐ 对伤口、刀割或瘀伤很迟钝
- ☐ 被触碰、撞击或推动时没有反应，除非程度很严重或力量很大
- ☐ 对衣服的各种面料的触感漠不关心（棉花、羊毛、合成面料对他来说都一样）

视觉

- ☐ 视线难以追踪移动的物体或人
- ☐ 抱怨视觉疲劳
- ☐ 在阅读和复制信息时（比如看黑板）经常丢失信息
- ☐ 写东西时出现明显的歪斜
- ☐ 容易忽视物品细节和周围环境

味觉 / 嗅觉

- ☐ 因对气味或味道感觉迟钝，吃或喝入有害的东西

Copyright © 2019 Mona Delahooke. Beyond Behaviors. All rights reserved.

☐ 往往闻不到气味和异味（同样是一个安全问题）
☐ 经常对食物是否辛辣或乏味无感

前庭觉 / 运动

☐ 对周围的环境没兴趣，不想动，缺少快乐的体验
☐ 很少参加健身房、运动场和游乐场的活动
☐ 喜欢久坐不动的活动，如看电视、看电脑、玩电子游戏或坐着
☐ 肌肉张力差，运动反应缓慢
☐ 不喜欢尝试新的体育活动，极少去尝试
☐ 用手完成任务时，必须用眼睛看

Monica G.Osgood, et al. "*Profectum Parent Toolbox*. Individual Profile Form, Step 2, Webcast 12, Pgs. 4-7,Sensory Responsive Patterns." *Profectum Foundation*, 2015. Used with permission of the Profectum Foundation.

> **工作表**

感官渴望清单

在孩子出现的症状旁打钩：

听觉 / 声音

- ☐ 喜欢将电视和音乐的音量开得很大，让其他人感到不舒服
- ☐ 说话时声音很大，几乎是扯着嗓子在说
- ☐ 一说话就滔滔不绝，无法停下来听别人说
- ☐ 喜欢嘈杂的环境，比如运动场或商场

触觉 / 触摸

- ☐ 喜欢不断触摸物品的表面和纹理，特别是柔软、惹人喜爱的面料
- ☐ 喜欢摸别人，让他人感到不适和被侵犯
- ☐ 经常撞到物体和人
- ☐ 喜欢在凌乱的环境中长时间玩耍
- ☐ 过了口唇欲的发育阶段之后还喜欢咬东西
- ☐ 喜欢揉搓或咬皮肤

视觉

- ☐ 容易被闪烁的灯光或一些无意义的视觉刺激物吸引
- ☐ 喜欢颜色鲜艳的物体
- ☐ 长达数小时沉迷于电视、电脑或视频游戏
- ☐ 长时间凝视旋转的物体
- ☐ 长时间盯住一个细小的视觉线索，例如书的一页、汽车的轮胎

Copyright © 2019 Mona Delahooke. Beyond Behaviors. All rights reserved.

味觉 / 嗅觉 / 口腔运动机能

- ☐ 闻人、动物和物体的气味
- ☐ 舔东西、人和食物（品尝前）
- ☐ 总想嚼口香糖
- ☐ 喜欢脆脆的食物，如薯条、椒盐卷饼和饼干
- ☐ 通常特别喜欢某一类食物：甜的、酸的或咸的
- ☐ 咬袖子、橡皮擦和回形针；嘴里总是有东西

前庭觉 / 运动

- ☐ 常常跌倒在地或有意打滚
- ☐ 喜欢一些强烈的运动刺激，如翻转、转动、旋转和倒置；可以旋转很长时间而不头晕
- ☐ 喜欢打闹、玩打斗游戏，喜欢被抛在空中的感觉
- ☐ 喜欢跳床和在沙发上乱蹦
- ☐ 喜欢快速移动的极限运动，如滑冰、滑雪、玩雪橇、骑自行车、溜旱冰、滑板、骑马、过山车和其他类似的游乐设施；可能成为一名"极限运动员"
- ☐ 不会随着运动量的增加而平静下来，往往会变得更加亢奋和混乱

Monica G.Osgood, et al. *"Profectum Parent Toolbox. Individual Profile Form, Step 2, Webcast 12, Pgs. 4-7, Sensory Responsive Patterns." Profectum Foundation*, 2015. Used with permission of the Profectum Foundation.

Copyright © 2019 Mona Delahooke. Beyond Behaviors. All rights reserved.

如果你在其中一个清单中的多个方框内打钩，最好向那些受过感觉统合培训的职业治疗师咨询，以获得更多的信息和指导。（更多资源请参阅本书的"资源"部分）。

大多数儿童的感觉统合功能没有明显的障碍。但是，当问题行为始于婴儿期或幼儿期，并且排除诸如关系压力或创伤等因素时，就需要考虑是否是感觉统合的异常导致儿童的不良情绪和行为。

伊冯娜：对声音的过度反应而导致的问题行为

伊冯娜是一名独生女，在3岁时被诊断为有言语方面的障碍，父母将她送到一所特殊的、针对有发育问题的孩子的幼儿园。她适应得很好，于是第二年她进入了普通的幼儿园。

几个星期后，教师打电话给伊冯娜的父母：伊冯娜喜欢边哼唱边敲桌子，这让同学们很反感。指导教师一再要求她停下来，甚至在黑板上写下她的名字，希望她能收敛。教师也尝试了积极鼓励的策略，如果她可以控制自己5分钟不发出噪音，就奖励她漂亮的贴纸。但这些努力无济于事，伊冯娜继续哼唱和敲打。

伊冯娜的父母向职业治疗师寻求帮助。在与伊冯娜及其父母多次会面并观察孩子在不同场景中的表现之后，职业治疗师对她的行为做出了解释：伊冯娜的听觉系统出现了感觉过度反应，以至于难以对教室的背景音和前景音进行恰当的信息加工。她的身体应对这一困难的本能策略是发出自己的声音。她发出的噪音是由听觉触发的潜意识的先发制人的反应，这会让她在课堂上感觉好一些。

调查自下而上的原因

我发现这些年来在工作中接触的婴幼儿中，早期的感觉统合失调可能导致孩子在调节和控制情绪及行为方面存在困难。如果你面对的孩子从小就对日常活动或事件有过度的行为反应，那么追溯孩子对感觉反应的早期经历不无裨益。正如第2章中提到的，这些反应总是和情绪相关，形成了感觉与情绪的双重编码。

为什么伊冯娜只是在学校做出这样的防御反应，在家则不同？因为在学校里，她周围没有一个值得信赖的成人来帮助她解决痛苦。她的行为本身并不是一种"失调"的症状，而是她潜意识中的"威胁检测系统"的反馈，帮助她应对这种来自环境的新挑战。伊冯娜看似不合时宜的哼唱和敲打是她身体的自适应性防御策略，应对她在一个充满陌生人、陌生场景和声音的新教室中感受到的听觉威胁。

> 有值得信赖和充满爱的成人陪伴在孩子身边，就能缓解他们的压力反应。

令人哭笑不得的是，伊冯娜的行为是她用来平静自己的身体以便专注于课堂的方式。一些被打上"不适应"标签的行为，实际上是她对感觉过度反应的自适应。错误的神经感受（在实际上安全的环境中误以为有威胁）让她进入了红色通路。

伊冯娜的父母和教师了解了这种特殊情况后，给予了她额外的支持。教师安排伊冯娜坐在离她近的座位，为伊冯娜提供降噪耳机，在教室特别嘈杂的时候，通过让她成为"教师助手"等令人愉悦的方式，让伊冯娜感受到特殊关爱。

这些改变带来了翻天覆地的变化。伊冯娜的"问题"行为在一个月内大幅度减少，她的父母、教师和校方颇为欣慰。**当伊冯娜的团队开始将她发出**

的噪音理解为适应性策略而非不恰当的行为或寻求关注的随意行为时，他们对她的行为有了正确的解读，并找到了有效解决问题的新方法。伊冯娜的父母也感到如释重负，因为之前他们曾背地里认为孩子的行为是因他们而起。

该团队以全新的眼光来看待伊冯娜，他们通过面部表情、语调和情感交流为她传递了更多的善意和温暖。这种对问题行为的全新理解，帮助伊冯娜和照料她的成人找到了通往和谐交流的人际关系的绿色通路。

> **工作表**

评估每个孩子对物理环境的反应

孩子是否有反复拒绝或抗议某些人或事物的经历（从幼儿开始）？ 如果有，请列出来：

_____
_____
_____

这些经历是否与特定的感官体验或需求相关？（例如，接触某些物品、声音、气味、运动等）如果是，请列出来：

_____
_____
_____

孩子经常拒绝尝试新事物或抗议/回避去某些地方吗？ 如果是，请列出来：

_____
_____
_____

从感觉的角度来看，你是否可以找到儿童试图逃避的活动或地点的共同特征？ 如果是，请列出来：

_____
_____
_____

Copyright © 2019 Mona Delahooke. *Beyond Behaviors*. All rights reserved.

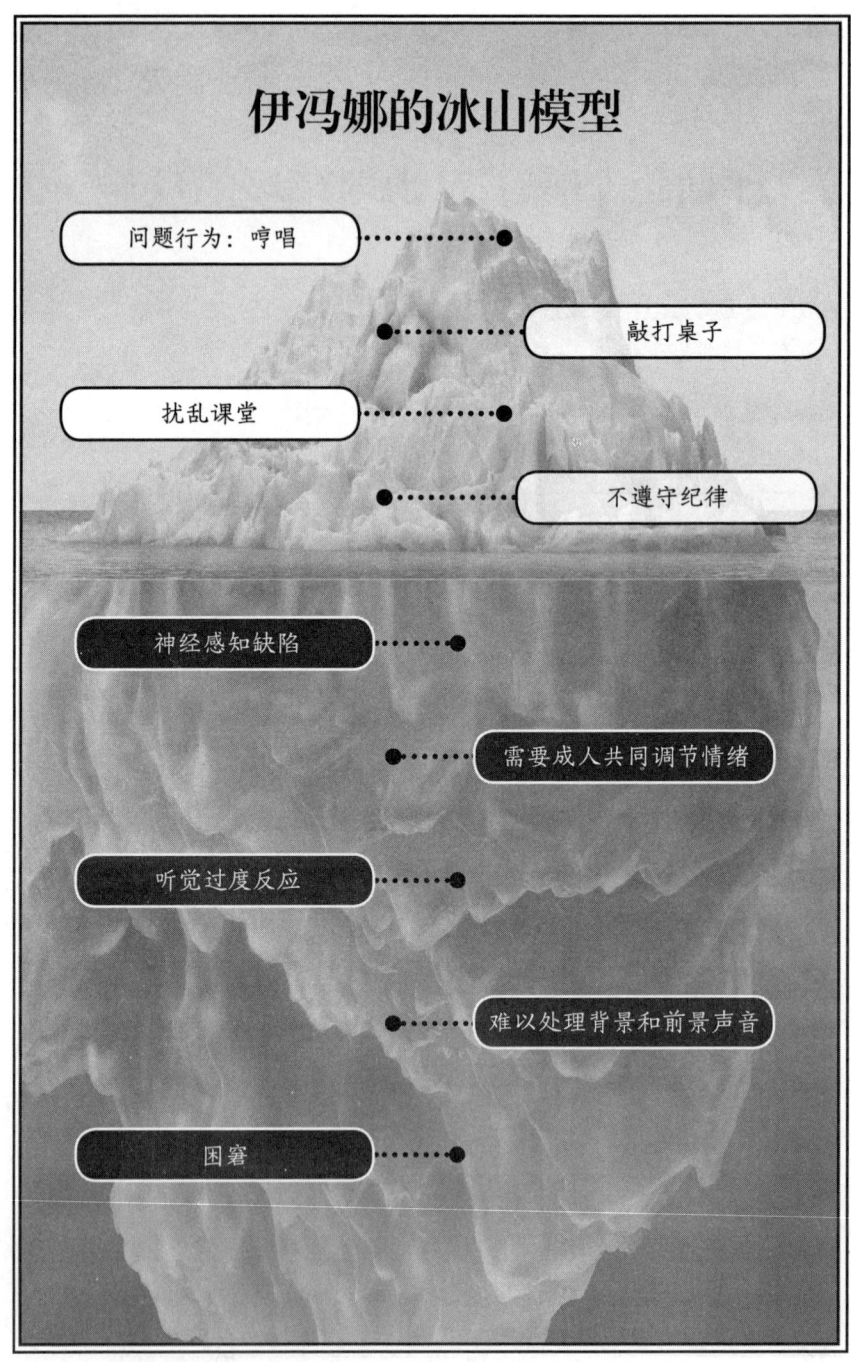

米娅：反应不足的威胁检测

虽然许多孩子对环境的感觉反应过度，另外一些孩子却对外部信息感觉反应不足。

米娅在出生时就被收养，现在6岁了。她沐浴在父母的慈爱中，生活在良好的社区环境，周围也有一群小伙伴。但父母很早就发现她和同龄孩子有些不同。她在操场上跑来跑去，似乎意识不到周围是怎样的环境，常常会撞到游乐场设备或其他孩子。她追赶其他孩子，却不知道怎么和他们一起玩。此外，米娅经常摔倒并擦伤膝盖，却无所谓。当米娅的父母向她的儿科医生谈论他们的担忧时，医生向他们保证孩子的身体是健康的，并把这家人转介给我，让我来评估米娅的社会性和情绪发展水平。

听完米娅父母的描述并对米娅进行观察之后，我怀疑她可能在某些感觉通道中反应不足，所以我建议他们找一位职业治疗师（我经常向其咨询）做评估。这位治疗师证实我们的预感是正确的：米娅的本体觉和触觉的反应不足导致她对自己身体的警觉能力下降。她的身体和运动系统之间的反馈连接，应该告诉她的肢体如何移动和反应，但是这个功能却很弱。米娅看起来对痛觉也反应不足——这一事实解释了她为什么对伤害表现得无所谓。

米娅身体和大脑对感觉信息加工的方式导致了她的行为问题，同时对她的游戏技能和人际关系造成了很大影响。幸运的是，我们及早发现了她的异常并设计了一种合适的治疗方法。随着时间的推移，米娅增强了身体的觉知能力，大大减少了碰撞和瘀伤，并能顺利地与同伴互动。通过和父母共同参与的基于游戏的职业治疗，采取自下而上为重点的策略，米娅开始感觉自己的意识与身体之间的连接越来越紧密。她变得更自信，与同龄人的交往更自然。现在，她开始主动参与游戏而不是逃避，在"发展性、个体差异和基于关系的模型（Developmental, Individual-differences, & Relationship-based model，DIR®）"为基础的亲子计划的支持下，她的社会性和情绪发展水平不断提高，最终得到了很好的发展。

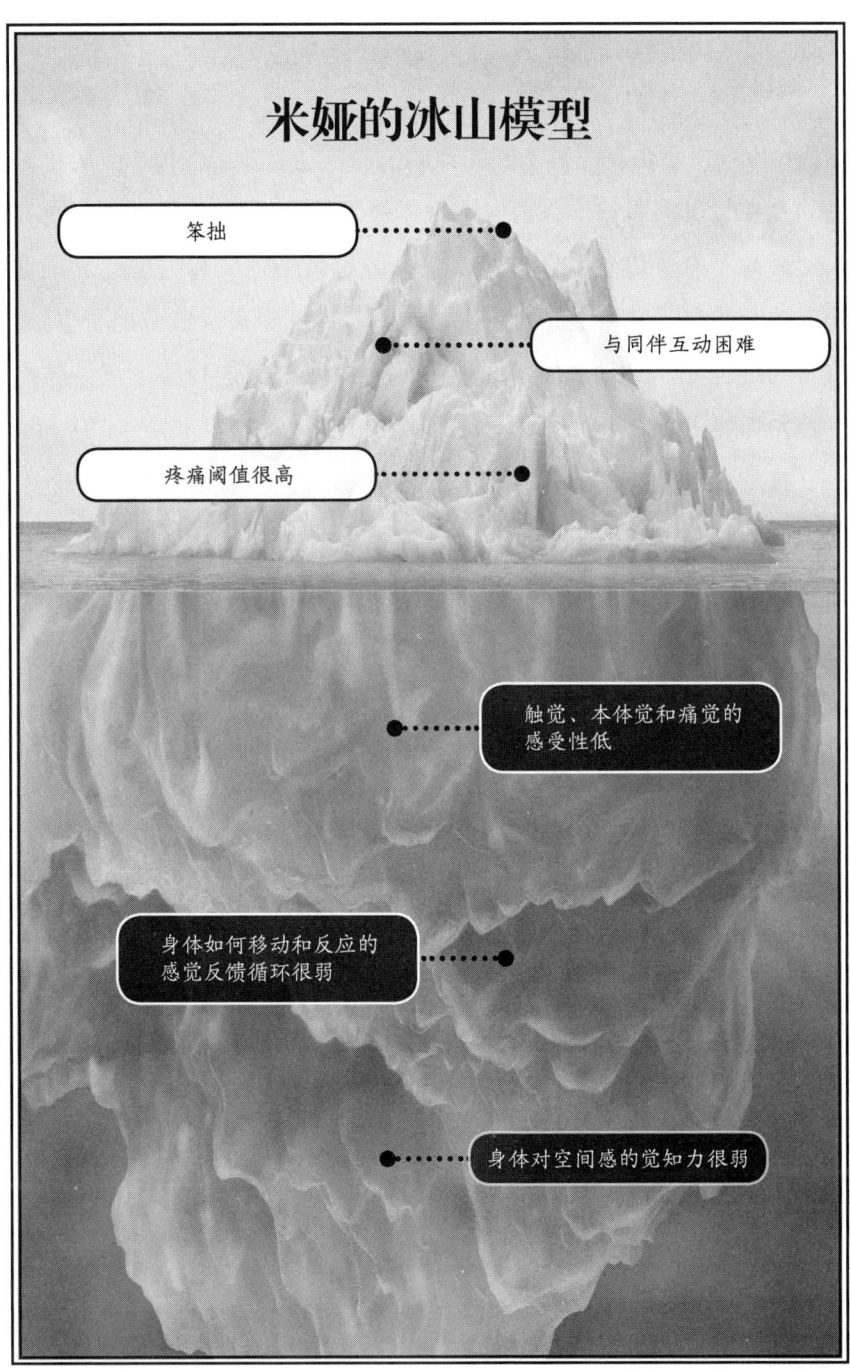

贾马尔：感觉渴望

6岁的贾马尔有一种本能的冲动，喜欢往上爬。在他2岁时（这是幼儿在父母的看管下探索自己身体极限的年龄），他就喜欢爬上桌椅然后跳下来。进幼儿园的第二天，教师就给他父母打电话，说他爬上教师的桌子并从上面跳下来。贾马尔的父母多次告诫他要小心，时常为他担心。到他3岁的时候，他已经两次被送到急诊室，一次是因为脚踝扭伤，一次是跌倒后额头上被缝针。

在幼儿园的第一个学期，一位教师敏锐地发现他喜欢待在空中的感觉，教师建议学校的职业治疗师对于他的行为进行测量。她观察到贾马尔喜欢在操场上的设施上上蹿下跳、摇来晃去。他的父母反馈说如果条件允许，他可以连续数小时晃个不停。这个职业治疗师在感觉统合方面接受过培训，通过几个月的观察她对贾马尔做出了评估。她指出，贾马尔渴望来自前庭运动和肌肉及关节的本体觉的感觉刺激。

贾马尔对感觉刺激的渴望非常强烈，常常超越了他的安全意识。贾马尔的父母和教师明白了，他的行为是对某种类型的运动的渴望，是对他的两个或更多感觉系统的自适应，所以现在能更好地在情感上支持他。在治疗师的指导下，他们采用了一些切实可行的方法来帮助孩子，帮助他在家庭和学校中，采用自身体而上的策略平静下来，进入绿色通路。

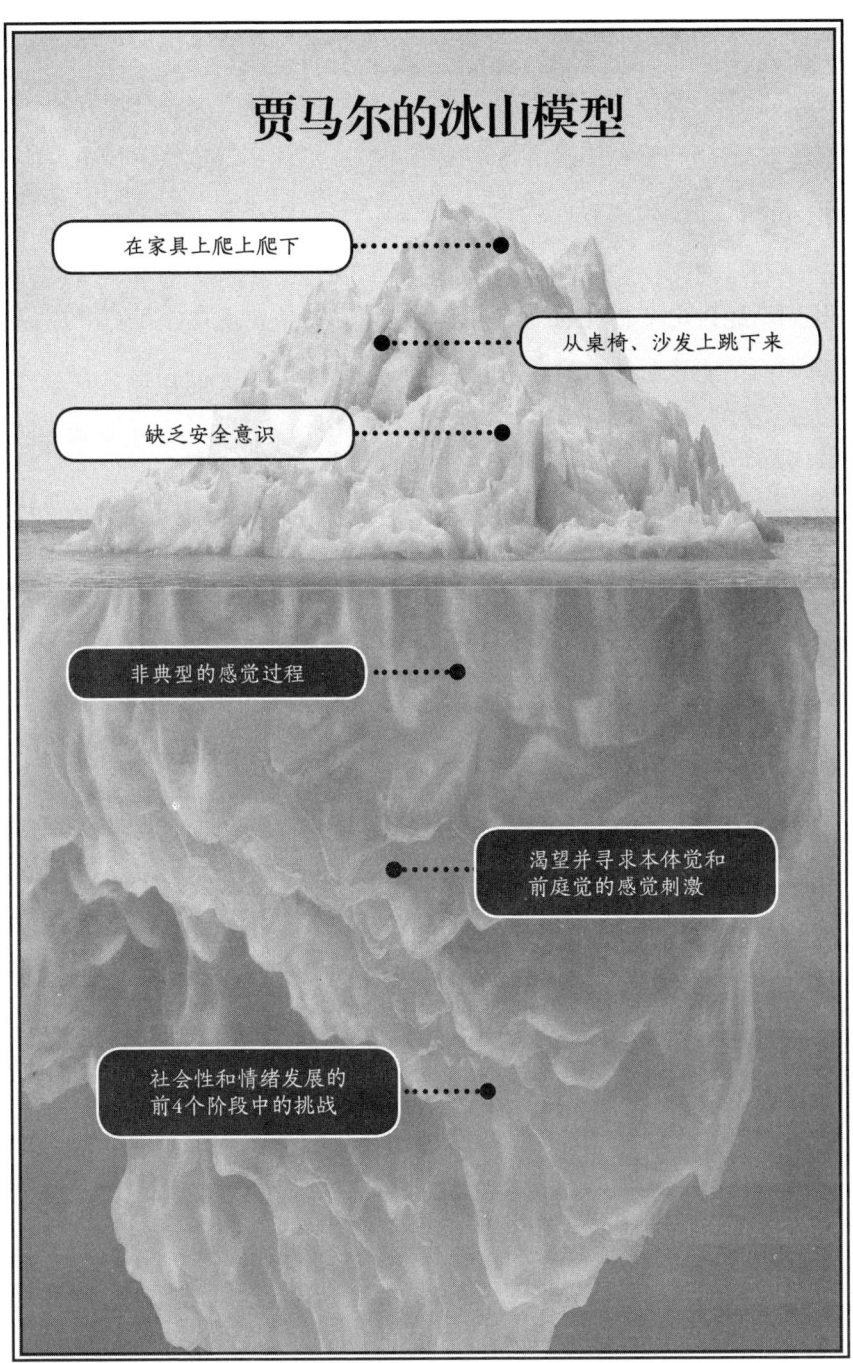

让我们来回顾一下，感觉系统根据每个人的身体和大脑连接状况做出反应。这些系统受遗传、体质方面的因素（如胎内环境、关系环境和物理环境等因素）的影响。感官体验由情绪编码并形成了记忆，这就解释了为什么那些受早期不良经历相关的感觉、情感或想法影响的儿童，容易触发防御性的战斗或逃跑行为。

我们已经讨论了感觉系统如何影响情绪和行为，现在让我们来看看感受和思想如何影响孩子的行为。

由感受引发的行为问题

当我遇到吉安娜和她的焦虑的父母时，她已经 8 岁了。他们正在为吉安娜的"过度"情绪寻求帮助，她父母说，这个家庭每天都围着她转。自从吉安娜上幼儿园后，她就突然开始担心很多事情。她的焦虑引发了很多行为，比如，每天早上她都会问同样的问题，而答案她其实早就知道了。有时候，她明知道妈妈和爸爸已经安排好了隔天接送她，还是会问妈妈谁来学校接她，明明是周末她也会问那天是否要去上学。

吉安娜经常沉浸在自己的担忧中，她的父母想给她一些工具来帮助她感觉更强大，更有适应力。

在家庭会谈中，我观察了吉安娜的游戏主题。结合她父母的描述，我发现她正在经历广泛性焦虑。她的恐惧、过度警惕和担忧正扩展到她生活的各个方面，并影响整个家庭。在会谈中，我们通过读书这个吉安娜喜欢的方式，来探索儿童的焦虑。我的办公室有一本书名为《当你过度焦虑时该怎么办》(*What to Do When You Worry Too Much*)，书中解释了吉安娜的恐惧是大脑边缘系统太活跃造成的，并提供了解决方案。[13]

帮助吉安娜的关键之一是确定阅读疗法（使用书籍作为治疗工具的自上而下的方法）是否适合这个特殊儿童的社会性和情绪发展，事实证明这是有效的。在细心的父母和一些有效的认知行为策略的帮助下，吉安娜最终找到了成功控制自己易于忧虑和过度警觉的方法。

受思想影响的行为

塞尔吉奥在6个兄弟姐妹中排行第三。经家人同意，他课后参加了我带领的社交技能小组，这个小组由一小群有问题行为的孩子组成。（之所以称为"社交技能小组"而不是"行为管理小组"，是因为前者听起来比较积极。）塞尔吉奥表现得很善良和友好，当我们玩游戏并谈论情感、朋友和家人时，他经常讲笑话，把小组中的其他学生都逗笑了。学校辅导员让塞尔吉奥参加小组，是希望我可以教会他在学校里当事情没有按照他期望的方式进行时，如何保持平静。

例如，当塞尔吉奥无法快速解出数学题时，他会变得心烦意乱，有时还会哭。写故事或画画时，他会很快把纸揉成一团，然后找一张新纸重新开始。教师会听到他小声嘀咕"我不聪明"，或"我在写作方面很笨"。当教师努力向塞尔吉奥解释第一次没有把事情做好没关系时，他常常变得更加不安。对简单的拼写测试他也会感到焦虑，并解释说他担心失败。

塞尔吉奥面临的最大挑战是他将自己描述为一个"完美主义者"。当事情没有按照自己想要的方式呈现时，他就会产生巨大的压力，我猜想他的父母或其他成人在看到他的这种情况后，经常用这个词来形容他。

显然，塞尔吉奥的担忧和想法有许多潜在的因素，他的父母很为此担心，我建议他们去看儿童治疗师，或许可以帮助他（和他们）化解这种导致一些行为失调的强烈的观念和想法。

社交技能小组结束几个月后，我回访了塞尔吉奥的父母，他们告诉我塞尔吉奥与他的新治疗师建立了稳固的关系。治疗师以游戏的方式接近孩子，塞尔吉奥喜欢在办公室和他打乒乓球。塞尔吉奥的整个家庭共同参与了游戏治疗，塞尔吉奥也因此有机会向大家谈论他的担忧和想法。他正在学习理清什么样的想法是有益的，什么是有害的。治疗师帮助塞尔吉奥学会控制他自称为"蜂鸟"的思想,这种思想时常在他脑海中浮现。治疗师创造性地运用了认知行为疗法,这是一种全新而有效的方式,它帮助塞尔吉奥用思想来指导行为。看到孩子的变化,父母对此深表感激。

受思想和感受影响的行为

达赖厄斯的父亲是一名美国公民,在中东上大学并留了下来。他本以为会一直留在那里,但是随着时间的推移,政治局势促使他和妻子不得不搬回美国与亲戚住在一起。在全家人搬离中东后几个月,达赖厄斯到美国的新学校开始上三年级,父母的艰难决定意味着达赖厄斯不得不离开他所熟知的人和一切:他的朋友、居住的房子和学校。

新学年刚开始不久,达赖厄斯的教师发现他经常站在教室门口,拒绝外出休息。学校的辅导员(深知寻找行为根源的重要性)采取了通过建立关系来帮助孩子的方法。通常她不是在自己的小办公室与学生见面,而是邀请他们在校园里与她一起散步,并以这种方式了解他们。在散步中,达赖厄斯告诉辅导员,当他看着操场上的足球场时,就会想到远在中东的朋友。孩子心中巨大的失落和悲伤被辅导员看在眼里,她意识到跟他交流因生活改变而带来的损失,是理解和解决他拒绝外出的方法。几个月后,达赖厄斯慢慢开始感觉好多了。有一天,他大胆地进入足球场,新伙伴们发现他是个优秀的球员。慢慢地,积极的新记忆开始取代他以前巨大的悲伤情绪和对新生活和家庭的悲观想法。

团队合作的重要性

正如本章的内容所示,面对问题行为时,我们必须考虑孩子的个体差异,这些差异是否在**身体内在过程**、**感觉**、**情感**、**思维**的范畴内。正如上述孩子们的故事所呈现的那样,在问题行为背后有无数的触发因素和原因。由于这种复杂性,我们需要全面考虑儿童行为的各个方面。

我们首先要明白，没有任何一个人、任何一位专业人士或单一的方法能够解决所有的儿童问题行为。我们大多数人所受的教育和培训，都是将身心二者分开的，这是我们各自的专业化领域的设置方式。然而，让大脑/身体达到更好的连接，需要由一群儿童专业人士通力合作才能实现。

这就是为什么当一个学科或专业的标准方法无法产生预期结果时，将来自多个学科的专业人员纳入儿童治疗团队是有益的。作为父母，应尽早让孩子的儿科医生加入团队，必要时需检查是否存在潜在的生物医学触发因素或原因（还有治疗，包括进行药物评估）。作为专业人士，通过团队协作或与不同学科的同事沟通是最佳实践原则。所有儿童学科的人应该协同工作，致力于解决儿童的问题行为，因为这是每个人的责任，正如解决社会性和情绪发展问题让每个儿童支持者责无旁贷一样。[14]

> 儿童的治疗团队由一群通力协作的专业人士组成，他们能提供有价值的信息，给予家庭支持。以下是部分儿科专业领域人员的名单，他们可以针对孩子的问题行为提供有价值的信息。
> - 儿科医生
> - 心理健康和咨询专业人员
> - 职业治疗师
> - 发育儿科医生
> - 教育工作者和特殊教育工作者
> - 言语和语言治疗师
> - 正念专家
> - 儿科神经学家
> - 儿童精神病学家
> - 营养学家

- 物理治疗师
- 教育治疗师
- 音乐和艺术治疗师
- 运动专家
- 儿童验光师

前面的章节分析了专业人员和家长在应对问题行为时所犯的常见错误：（1）还未理解行为的成因，就着手解决行为问题；（2）未能根据儿童的发展阶段来解决行为问题。这一章讨论了个体差异对理解行为的重要作用，现在我们准备就绪，可以直奔主题：如何帮助陷入挣扎的孩子。接下来，本书的第二部分将用3章的篇幅聚焦于个性化的干预方案，即通过调整儿童的个性化需求和解决行为背后的原因和触发因素，来改进当前的治疗方法。

要点

- 个体差异是影响我们如何接纳和回应周围世界的特征和品质，包括我们如何体验身体内在过程、感觉、情感、思维的方式。
- 儿童（和所有人类）通过感觉系统理解和解读世界。对感觉统合有基本的了解非常必要，它可以帮助我们制订情绪调节和共同调节的互动策略。
- 当我们接纳和认同孩子及养育者的个体差异时，就可以据此制订个性化的治疗、教育和养育方法。

第二部分
解决方案

第4章
从安全感入手

> "从安全感入手来治疗,治疗就是安全的。"
>
> ——斯蒂芬·波格斯博士

马特奥的父母早就注意到,这孩子在两岁半还没开始说话时就有一些问题了,他最终被诊断为自闭症。经过两年的上门服务后,他参加了一项特殊教育计划,以解决他在沟通、注意力、同伴关系和学习方面的困难。马特奥的大脑构造差异使他难以用语言来表达,无法让别人知道他在想什么。他8岁时被送到我这里治疗,他总是习惯性地在小型特殊教育教室里四处走动,不停地触摸墙壁或同学。

我在学校对他进行观察,还不到一天,我就发现学校的治疗小组看待他的眼光跟我和他父母不同。*

在一次小组学习会上,我看到马特奥试着引起教学助理的注意,助理坐

---

* 本章中包含的观点反映了波格斯的多层迷走神经理论的应用以及神经感知的概念,并以之作为干预儿童持续性问题行为的指导原则。

在他旁边却没有察觉，这时马特奥在她眼前晃了晃手臂。针对马特奥的个性化教育计划要求工作人员忽视被视为"无意义"的行为，于是，助理遵循了计划的安排没有配合他，而是侧身从椅子旁滑出，让他够不着。马特奥开始更有力地摇动他的手臂和身体，俯身抓住助理的胳膊，助理则轻声让他注意教师，并从他身后移开，走出他的视线。

几秒钟之后，马特奥背靠在椅子上看助理，他突然向后仰，后背砸向地面，动静很大。见此情景，教师指示助理将马特奥带到"冷静室（calm-down room）"，这是一个带有软垫地板的教室，后面有一个简陋的壁橱。从窗口望进去，我看见马特奥脸上露出悲伤的表情，他有节奏地踢着墙，助手则坐在一边，避免任何互动。

在那次事件中，我看到了第 1 章中描述的 3 个问题，即我们的系统在如何解决儿童问题行为方面有不足之处，它体现在：（1）**在我们试图减少问题行为之前，未能评估行为的根本原因**；（2）**不懂得将行为置于儿童的社会性和情绪发展阶段的大前提下**；（3）使用"一刀切"的方法。

> 那天我坐在教室后面所目睹的这一事件，深深地震撼了我，我们常常在未理解行为对孩子的适应性目的之前，就制订出行为消除计划。

很多时候，我们认为孩子的某些不端行为是故意的，而实际上这是孩子出于基本的生存本能而做出的反应，包括对安全感的需要。[1] 我们需要思考。像马特奥这样的孩子的行为不端是故意而为，还是人类本能反应的表现——如果孩子的能力仍在培养中，则需要相应地设计应对方法。在第 1 章中我们了解了，很多深层的原因隐藏在儿童行为的表面之下。对于马特奥来说，他控制自己运动的能力尚未发展成熟，他大脑的特殊结构使得他无法进行"恰当的"沟通。所以，成人将他的行动误认为是问题行为，事实上，他只是想寻求安全。

马特奥和助理发生的那一幕，也让我深深地担忧，到底有多少服务于儿童的系统能够正确地对待儿童的问题行为？他们往往将行为本身视为主要问题或目标，而认识不到人际关系和社会参与是帮助孩子建立良好行为和情绪控制的关键。[2] **在试图抑制问题行为之前，我们需要确定所观察到的行为是否是儿童的社会交往系统发出的信号，即他们需要人际关系的帮助。**

当我坐在教室后面，看着马特奥陷入越来越严重的情绪困扰时，我的脑海里响起波格斯博士的声音："建立与他人的联系和共同调节是人类的生理需要。"[3] 我只能坐在那里观察，却不能上前接近孩子并与之建立联系。我环顾房间，希望看到其他成人像我一样体察孩子的情绪，然而事与愿违，我看到每个人都试图忽视这种现象并继续教导其他孩子。这是一群坚定的教师和支持者的写照，他们怀着最美好的期待，遵循行为管理的主流方法。但正如我在第1章中提到的那样，这种方法与我从神经科学中学到的东西形成鲜明对比，后者强调关系安全在儿童发展的各个方面的重要性。那天我回到办公室，记录下了这段经历，并将其添加到日记的分类条目中，思考如何向深爱他的父母和敬业的学校团队解释我所目睹的一切。

当助理将马特奥的求助行为误读为不服从的表现，并把椅子从孩子身边挪开时，孩子就从绿色通路转移到了红色通路上。具有讽刺意味的是，帮助孩子的计划反而增加了他的痛苦，并进一步损害了孩子与他人共同调节情绪的能力。我观察到的行为迹象：面无表情、踢墙、放弃求助，都表明他的社交参与系统已经疲劳，退缩回与更基本的生存本能相关的大脑系统。

个性化调节

接下来将重点介绍，如何在儿童发展的所有领域中，通过尊重孩子在人际关系中的角色，来提升我们帮助儿童的方式。我将这种重要方法称为个性化调节：通过量身定制的互动方式来满足每个孩子的生理和情绪需求。我将介绍如何根据我们对个体差异的了解以及如何利用关系和环境，为儿童发展奠定最坚实的基础，以下是相关步骤。

1. 优先考虑孩子在人际关系中的安全感。
2. 找到行为背后的原因和触发因素。
3. 帮助孩子开启新的应对方式。

实施个性化的调节就是根据每个孩子的需要来制订方案，从而营造积极的回应、温情和参与的氛围。

本章将重点讲解三个步骤中的第一步：优先考虑每个孩子在人际关系中的安全感。从这里着手是因为我通过观察发现，一旦儿童的关系安全需求得到恰当的满足，许多问题行为自然会逐渐消失，因为行为的根本原因已不复存在。

为成功做准备

几十年前，我在心理学培训中学到的诸多技术，与现在基于自主神经系统特性的干预方法相冲突。当时我所学的主要是以表面现象来看待行为，以及那些旨在改变问题行为的一系列认知和行为技巧。早在20世纪90年代之前，神经科学家对大脑的新认识开始广为传播，这个时期被称为"大脑的十年"，我在学校中学到的方法对于改变行为的方式过于简化，它重点强调孩子的思维大脑，却没有考虑人类大脑发育的基础：关系安全和情绪共同调节。

正如我们在第2章中所学到的，多层迷走神经理论揭示了成人行为对孩子安全感的重要性。[4] 当孩子在可信赖的成人面前真正感到安全时，社会参与行为会自然而然地出现。当孩子体验到安全的神经感知时，防御策略就会被"关闭"。[5] 换句话说，孩子无须为了在潜意识层面上获得安全感而做出战斗、逃跑或僵住的行为。

在马特奥的案例中，当我们的行为削弱了孩子的安全感时，其实触发了孩子的防御行为系统。[6]他根据教师的反应随之做出的行为，如在教室里徘徊和不断触碰物品，是他应对威胁的神经感知方式。他是一个对听觉反应过度且对本体觉反应不足的孩子，他的身体需要移动才能感觉平静，他需要在物质环境和其他人身上寻找安慰。**他试图触摸助理不是佯装出来的，而是一种求助行为。这是一种基于生物本能的策略，人类在痛苦时使用这种策略会感觉好一些。然而，我们经常将这种策略标记为不当行为或"寻求负面关注"。**

简而言之，我认为马特奥当天在课堂上的行为，是对于无法满足他的个人需求的人际关系和物理环境的自适应方式。当我们学会思考，如何通过接纳和尊重孩子的个体差异和满足他们对关系连接的需要来成功调节其神经系统时，所有的孩子都会因此受益。

确定神经感知状态

当孩子经历安全的神经感知时，就不需要启动保护性、防御性的行为——这种行为是红色通路的特征。[7]当孩子放松地处在绿色通路上时，合作、学习、游戏和好奇心会自然而然地出现。让我们看一下红色和蓝色通路的特征，这些通路体现了孩子对压力的适应性反应。请注意，我认为蓝色通路的行为说明感知到的威胁的程度非常高。这是因为红色通路处在激活状态，或者能做一些活跃的事情来让感觉变好，这比脱离、消失或分离等行为更具适应性。孩子处在蓝色通路的最后阶段时，他们的心灵/身体在面对感知到的生命威胁时几乎采取放弃的方式，并开始关闭与外界的通道。

儿童处于蓝色通路时通常表现为面无表情、声音单调、缺乏互动。在红色通路中，孩子可能由于调节中耳的神经张力丧失而导致听力困难。[8]在我们决定如何干预之前，应该仔细观察这些孩子的面部、声音和姿势的特征。

> **工作表**
>
> # 孩子是否感到安全（红色通路）
>
> **红色通路**的特征
> **观察孩子的行为特征，出现以下行为就打钩。**
> - ☐ 面带愤怒、厌恶的表情，咬紧牙关，做鬼脸
> - ☐ 眉毛上扬，皱眉，嘴唇或嘴巴颤抖，强装的笑容，神色慌张，看起来很担心或害怕
> - ☐ 眼珠转来转去，避免或有热烈的目光接触，眼球上翻
> - ☐ 快速或重复的动作，手抖，紧贴、紧抓或四肢胡乱挥舞
> - ☐ 抱怨，痛苦地呻吟，颤抖，声音呜咽
> - ☐ 声音高亢、响亮，嘲讽，尖叫，充满敌意，脾气暴躁，不受控制地笑
> - ☐ 身体乱动，击打，踢，咬，吐唾沫，推搡，做出威胁的手势
> - ☐ 冲动的动作；孩子可能碰到东西或跌倒
>
> **孩子在红色通路上待了多长时间？**
> _____ 分钟
>
> **当他/她处于红色通路时，成人对孩子做了什么？**
> _____
> _____
>
> 如果你在多个方框中打钩，请注意孩子可能在物理或人际关系的环境中感觉到威胁。
>
> 改编自 *Infant/Child Mental Health, Early Intervention, and Relationship-Based Therapies: A Neurorelational Framework for Interdisciplinary Practice*, by Connie Lillas and Janiece Turnbull. Copyright © 2009 by Interdisciplinary Training Institute LLC and Janiece Turnbull. Used by permission of W.W. Norton & Company, Inc.

Copyright © 2019 Mona Delahooke. *Beyond Behaviors*. All rights reserved.

> **工作表**
>
> # 孩子是否感到安全（蓝色通路）
>
> **蓝色通路的特征**
> **观察孩子的行为特征，出现以下行为就打钩。**
> - ☐ 面无表情，尤其是眼睛和额头周围
> - ☐ 声音单调、纤弱、缺乏抑扬顿挫或韵律
> - ☐ 不说话或很少发声
> - ☐ 似乎没有听到你在说什么
> - ☐ 身体缓慢移动；身体萎缩或僵硬
> - ☐ 畏缩或隐藏
> - ☐ 避免互动
>
> **孩子在蓝色通路上待了多长时间？**
> _____分钟
>
> **当他/她处于蓝色通路时，成人对孩子做了什么？**
> _____
> _____
>
> 如果你在多个方框中打钩，请注意孩子可能在物理或人际关系环境中感觉到**严重**的威胁。
>
> ---
>
> 改编自 *Infant/Child Mental Health, Early Intervention, and Relationship-Based Therapies: A Neurorelational Framework for Interdisciplinary Practice*, by Connie Lillas and Janiece Turnbull. Copyright © 2009 by Interdisciplinary Training Institute LLC and Janiece Turnbull. Used by permission of W.W. Norton & Company, Inc.

Copyright © 2019 Mona Delahooke. Beyond Behaviors. All rights reserved.

是否安全取决于孩子

我们如何知道孩子是否感到安全？重要的是孩子自己对安全的感知，而不是成人自认为应该构成人际关系或环境安全的东西。简而言之，安全存在于孩子的"眼睛"（大脑和身体）中。它是"根据孩子的感受来定义的，而不仅仅是通过消除威胁的因素就能改变的"。[9] 我认为这取决于孩子是否感觉"脑安全"，我们需要努力提供让每个孩子感觉安全的东西，它不是人们通常理解的"最佳"环境，而是每个孩子对环境的反应。目前许多治疗方法和计划都没有考虑这二者的重要区别。我们需要尽可能地根据每个孩子的需求设定物理、感觉和关系环境，以应对持续的问题行为，而不是假设孩子感知的环境或关系是安全的。

从长远来看，在前端提供关系支持的性价比更高，当我们把建立关系（例如，与敏感的课堂助理的关系）作为治疗计划的基本点时，那些不针对行为根本原因的计划所花费的时间和金钱就可以节省了。我们可以招募新人或让现有人员作为情绪共同调节者，帮助孩子回到绿色通路，这个想法可以作为首要治疗方案，它也符合当前与心理弹性（resilience）*相关的神经科学的原则。[10]

> 我们可以招募新人或让现有人员作为情绪共同调节者，帮助孩子回到绿色通路，以此作为首要治疗方案。

关系的安全性可以非常有效地调节儿童的压力反应。这并不意味着仅有合格的成人在场就够了。我们需要学习如何帮助每个孩子在身心方面感到安全。作为一名具有一定经验的儿童心理学家，我发现，通过一定程度的训

---

* 心理弹性可以界定为主体对外界变化了的环境的心理及行为上的反应状态。该状态是一种动态形式，有其伸缩空间，它随着环境变化而变化，并在变化中达到对环境的动态调控和适应。——译者注

练，成人可以根据每个孩子的独特需求，学习如何设计与他们的互动，为孩子提供正确的安全线索。

马克斯：特别设计的关系安全模式

10岁的马克斯患有多项发育迟缓和重度焦虑，他因为长期以来拒绝去上学，被送到我的办公室来接受治疗。父母每天早上都要在门外叫他出来。在学校里他经常拒绝说话，有时还会陷入情绪崩溃的境地。他也很难完成课堂作业，学校指派一名助手在学业上帮助他，但他的困难丝毫不减。

我对马克斯在学校的表现进行了观察，目睹了他吸手指和咬指甲的行为。好心的助手试图帮助他听从教师的指示，小声提醒他提高注意力，并帮助他专注于每页练习题以跟上课堂作业。然而，在帮助马克斯关注学业任务之前，助手没有认真考虑马克斯的情绪状态。在整个上学期间，马克斯表现出明显的痛苦，但他的辅导计划却没有涉及如何帮助他进行情绪调节的方法。当孩子的父母要求学校为教师和助手提供额外的、基于关系的个性化解决方案培训时，校方拒绝了，坚持说助手是一位有着良好记录的资深员工。

问题是马克斯的个性化教育计划无法有效地抑制他的焦虑。助手正在进行一场失败的抗争，因为马克斯所处的发展阶段在调节、关注和社会参与方面缺乏稳定的基础，我建议教师和助手练习与马克斯进行情绪共同调节的技巧。[在我的《早期干预中的社会性和情绪发展》（Social and Emotional Development in Early Intervention）一书中，针对教育工作者和其他养育者是如何做到这一点的有明确的讲解。] 简而言之，马克斯没有在学校取得进步，因为他的治疗计划

> **未能认识到关系安全的强大和重要性，这种安全性问题源于他的焦虑并影响了他的学习能力。**
>
> 　　我们应该根据孩子的个体差异，通过每个孩子的感知视角，而不是使用统一的标准来定义所有孩子的情绪安全状况。学校与父母共同商量，为孩子选择适合他们的人际关系和社会支持，这是一种明智的做法，因为孩子的情绪状态会直接影响其学习能力。根据我的经验，课堂助理和辅助专业人员往往被排除在儿童个性化教育计划团队会议之外。恰恰相反，辅助专业人员作为儿童的情绪共同调节者发挥着重要作用，应对他们予以尊重，并让他们参与这些重要的讨论。

> **工作表**

个性化调节方案：
孩子眼中的安全

问题：孩子是否认为成人在他/她的生活中能给予支持并提供安全保障？

如果是这样，孩子认为成人为**他/她的生活**提供安全保障的行为标志是什么？

_____

_____

如果不是，孩子认为成人无法为**他/她的生活**提供安全保障的行为标志是什么？

_____

_____

与孩子的父母/照料者沟通并通过互动中的细致观察，确定如何增加让孩子感到安全的线索。

与照料者的哪些社交互动，有助于推动孩子走上他/她感到关系安全的绿色通路？

清单：_____

_____

_____

_____

Copyright © 2019 Mona Delahooke. Beyond Behaviors. All rights reserved.

何为压力

在 20 世纪 30 年代，医学研究员汉斯·塞利（Hans Selye）最初将压力定义为一种紧急的"一般警报反应"。[11] 自塞利以后，人们对压力如何影响身体的理解已经发生了变化。神经科学研究员布鲁斯·麦基文（Bruce McKewen）描述了两种不同的压力反应。一种是当成功应对挑战时，身体/大脑对压力的适应性反应，称为动态平衡（allostasis）。[12] 我们往往将其视为"良性的压力"，因为具有挑战性的体验可以带来好处，带来更大的心理弹性，使我们变成更有适应能力的人。[13] 另一方面，"恶性的压力"是一种对身体产生损耗的冲击，被视为"失衡负荷（allostatic load）"。我们可以称之为"压力失控"，[14] 失衡负荷会随着时间的推移而影响心理弹性和一般健康状况。[15]

我们都经历过艰难时刻，明白并非所有的压力都是有害的。当孩子得到适当的支持时，"可控的压力"可以帮助他们建立应对的能力和心理弹性。[16] 这是有益的，因为人们每天都会面临压力。目前对问题行为的应对方法存在一个问题，即我们通常不会追踪儿童日常生活中的压力（无论是良性还是恶性的）。相反，我们专注于顺从和管理表面行为，而忽视了孩子的内部压力。更具建设性的方法是帮助儿童应对压力情境，并将其转化为成长的体验。

> 目前对问题行为的应对方法存在一个问题，即我们通常不会追踪儿童日常生活中的压力（无论是良性还是恶性的）。

大家常常优先考虑如何教导孩子顺从或消除问题行为，而没有解决孩子的情绪问题。我们需要认识到，在解决许多问题行为时，起点应该是孩子的安全感，而不是行为本身。从这个角度来看，如果孩子在身心方面感觉不安全，成人要将优先顺序转移到与儿童的初次情绪共同调节上，这就是本章开头讨论过的马特奥治疗计划中被遗漏的内容。如果他身边的工作人员已经认识到马特奥的行为是为了求助，那么他们可能会以完全不同的方式对待他。

"良性压力"帮助孩子成长和发展心理弹性

可控的压力有助于儿童和我们每个人发展优势和学习新事物。它还可以帮助孩子走出舒适区、拓展新的能力。每个孩子承受压力的情况不同。关键是要了解什么样的压力是最优的，也就是说，什么足以让孩子克服过去的恐惧，或在一项新的活动或某些过程中打破极限，而获得新的优势。心理学家列夫·维果茨基（Lev Vygotsky）将此描述为最近发展区（zone of proximal development，ZPD）即在"儿童现有的独立解决问题的水平"和"通过成人或更有经验的同伴的帮助而能达到的潜在的发展水平"之间的区域。[17] 换句话说，只要获得恰当的支持，儿童就存在一个"区域"，推动他们前进并学习新事物。

帮助孩子的关键是监控他们的压力水平并确保其可控。[18] 根据利拉斯和特恩布尔的说法，我们应该"确保当前的任务或活动不要太具有挑战性。如果挑战太大，就退回上一阶段，将压力视为警报来处理。一旦让孩子参与，要慢慢增加难度级别，并根据需要提供支持"。[19] **换句话说，我们要实时关注儿童的需求和互动情况，确保他们正在经历的压力可控，而不是将他们置于失衡负载情境的"恶性"压力中。**[20]

我们可以通过代表自主神经系统不同激活状态的颜色路径，来监测儿童的可控压力水平。当一个孩子处于绿色通路的边缘时，他的意识和唤醒水平可能会增强，这有助于学习和扩展最近发展区的经验。当一个孩子朝着红色通路前进但还没有到那里时，我称之为"浅绿色"通路。换句话说，孩子被激活并准备好学习新的有挑战性的东西，但不会被任务所压倒。这种情况有助于儿童对压力情境产生更大的容忍度。

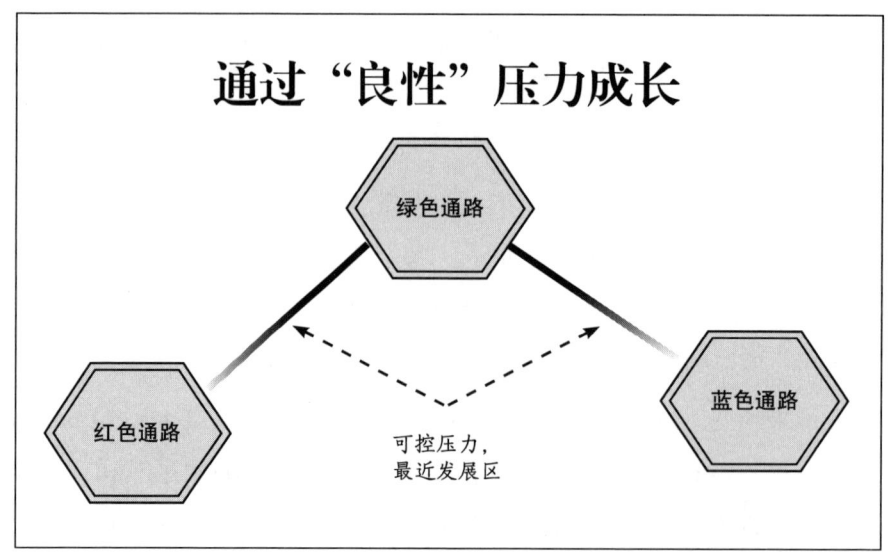

Vygotsky, 1978; Zones, Lillas & Turnbull, 2009

通过自我疗愈的方式帮助儿童茁壮成长和学习

我们通过与孩子的互动帮助他们保持在最佳通路上。我们这些父母、教师和专业人士，如何通过支持性互动来提高技能、营造关系安全？虽然许多流行的书籍和博客都在讨论如何帮助孩子学习有用的新策略来使他们保持平静（重要和关键的技能），但在教导孩子学会自我平静之前，还有更行之有效的方法。从自身做起向孩子传递情绪安全，这种方法称为"自我疗愈（therapeutic use of self）"。我们可以优先考虑，让孩子与他人在安全的空间中经历共同的体验，并搭建一个促进儿童成长的稳固的平台，让他们敢于尝试过去感到困难的新事物，从而增强他们的心理弹性。

为什么情绪会起作用

我们的情绪状况就像是帮助有问题行为的孩子的"原材料"。正如第 2 章提到的，情绪通过我们的肢体语言来传递。当我们感到安全时，我们就会表现出柔和的目光、富有韵律的嗓音和放松的姿势。[21] 儿童会接受这些暗示，并在意识和潜意识层面受到这些暗示的影响。虽然这看起来不过是常识而已，但事实是，当我们面对孩子的问题行为时，很难随机应变，让自己保持在绿色的情绪调节通路上。所肩负的重大责任也在很大程度上影响了我们这些父母、支持者和教师。

父母常常觉得他们在拯救孩子的战斗中冲锋陷阵。从那些有幸与之合作的家庭中，我亲眼看见了这些，而且当我不得不通过公共教育体系为自己的孩子呼吁时，也亲身体会到了这种感受。家长常被一些负面信息抨击："你反应过度了。""你受的保护太多了。""你想要的太多了。"这些指责可能会对家长造成沉重的负担，严重影响他们的身心健康。这种批评再一次增加了家长对自己的猜测、愤怒和内疚。我们现在来审视这种困境，因为成人的状态与孩子的问题的改善息息相关。

支持孩子不仅仅是倾听或说话。有时我们只需要作为一种存在，他们就能通过自我疗愈的方式发生改变。当我们（父母、教师或支持者）表现出平静、温暖的陪伴时，可以帮助儿童在防御状态下平息他们的神经系统，使成人成为解决行为问题的方案中的一部分。**有许多试图帮助儿童解决持续性行为问题的范式都将目标指向儿童的行为本身，却将父母和服务提供者排除在外。**我所描述的基于儿童发展的方法中，与孩子相处时，我们自身的情绪和身体状态是首要和核心问题。

这是指什么呢？成人觉知到自己的状态是很有必要的，我们首先要进行自我检查，看看自己的身心是否处于平静状态？我们通过觉察能够意识到，自己给孩子带来了怎样的情绪信号。只有这样，在孩子感到不安时，我们才能为他们提供最需要的东西：我们的安定，能够使他们重获安全和平静。这种相互支持的过程被称为情绪共同调节。

为了充分发挥我们在治疗中的作用，我们需要学习如何确定自己正处在哪条情绪通路上。有时候，当我们目睹一个身处困境的孩子时，无论孩子是发脾气、发出不自然的歇斯底里的笑、攻击，还是封闭和忽视我们，我们都会感到自己的情绪和安全受到威胁。对于父母来说尤其如此，因为父母承担着如此沉重的责任，以确保孩子茁壮成长。当我们眼睁睁地看着自己的孩子处于挣扎之中，并急于纠正时，来自自身的压力反应很容易让我们说出或做出令我们将来后悔的事情。

面对孩子在挣扎时出现的问题行为，我们如何在行动前确定自己是否已做好准备？使用第 2 章中描述的色彩通路以及社会性和情绪发展之屋，第一步是对自己进行反思和提问，以确定我们处于哪条情绪通路上。

下面通过工作表来说明。

> **工作表**

成人问卷：我处在哪条情绪通路上？

帮助儿童应对问题行为的第一步，是在行动前对自己做一个评估。**找点时间通过以下问题来觉察自己：我的感觉如何？我现在的体验是什么？** 以下清单或许对你有帮助。

平静的绿色通路
_____ 我呼吸的速度/节奏正常
_____ 我感觉身体很平静
_____ 我的语音、语调富于变化
_____ 我的面部肌肉是放松的
_____ 我能思考
_____ 我可以计划
_____ 我可以做出选择
_____ 如果感到难过，我可以向其他成人求助，或者让自己休息一下

短路的蓝色通路
_____ 我感到反应迟钝
_____ 我思考缓慢
_____ 我觉得自己正在下沉或消失
_____ 我不想马上应付这种局面
_____ 我感到无助
_____ 我的声音是单调的
_____ 我的面部表情僵硬
_____ 我感到难过

过激的红色通路
_____ 我很失望
_____ 我很快就做出反应
_____ 我的呼吸变浅或加重
_____ 我的身体很紧张
_____ 我无法思考
_____ 我觉得自己要爆炸了
_____ 我正在大声说话或大喊大叫
_____ 我坐立不安

Copyright © 2019 Mona Delahooke. *Beyond Behaviors*. All rights reserved.

如果你正处于绿色通路，就可以准备好进入下一步了——了解你作为情绪共同调节者的能力如何［参阅第 124 页的工作表"参与和关系（成人）"］。但是，如果你处在红色或蓝色通路上，或朝着那个方向前进，那么请就此**停下来**。先确保你面对的孩子的身体的安全，然后找点时间来暂停和反思一下。接下来的几页内容将重点介绍如何为自己建立绿色通路。一旦我们稳定地行进在绿色通路上，就可以确定自己与孩子建立关系的程度如何。这样做是因为如果我们不够冷静和警觉，就不会用理智的行动去帮助孩子。**事实上，当一个孩子出现问题行为，甚至出言不逊或行为失礼，或触碰到我们的雷区时，我们用本能的方式来应对，会遇到最大的麻烦，甚至带来不幸的后果。**

有时候，当我们提到那些追悔莫及的事情时，会感到十分沮丧，我们试图说服自己，那些严厉的对待是孩子所需要的，是值得的，以此来抵消我们的愧疚感。这确实是一条少有人走的路，重要的是请记住你并不孤单。对于所有养育者来说，这种挑战性的困境普遍存在：当风险和责任的重压很大时，请一定要保持情绪稳定。

我们自己的触发物——那些引发我们在不经深思熟虑的情况下就采取行动的诸多因素，丝毫不弱于我们所面对的那些有行为问题的孩子。当我们的神经感知到威胁且无力改变时，我们就像孩子一样容易出现情绪和行为问题。这不是什么令人羞耻的事。作为人类，我们很自然地在一系列积极和消极的情绪中循环。我对这些父母深表同情，他们对我说，他们的孩子多么令人失望，多么渴望他们能像公园里的其他孩子一样，那些父母都很放松和享受。没错，养育有问题行为的孩子需要保持高度的警惕性。许多父母常常感到自己处于崩溃的"边缘"，随时准备应对孩子的下一次崩溃或爆发，或者来自学校办公室的电话。

关键在于，作为父母和养育者，我们要对自己所承担的一切有一个善意的认识。**而不是因自己再次步入红色或蓝色通路而自责或内疚。我们能够通**

过自我觉知和自我关怀重返绿色通路。如果我们能以接纳和感恩的心态面对人类所有的情绪，无论消极和积极，每个人都会因此受益。

是什么为你的绿色通路提供了支持，让你感觉与自己和他人的联系更紧密？无论何种方式：与朋友联系、散步、冥想、祈祷、瑜伽、锻炼，找到适合自己的自我调节工具，帮助你回到绿色通路，并经常使用它们。

成人的自我意识对儿童的影响很大，因为我们无法在孩子面前隐藏自己的情绪状态。通过神经感知，情绪会从一个人传递给另一个人。如果我们情绪不好时装作很好，就会让孩子感到困惑，对于人际关系的安全判断造成信息混乱，孩子不知应在多大程度上信任你，才能让自己感觉好一些。

当你不再为这种变化而焦灼时，或许会发现填写你的冰山模型是有用的。当你感到自己的生活不堪重负，或因照顾有问题行为的孩子濒临崩溃时，请找专业的心理健康人士咨询，这可以帮助你了解自己的情绪触发因素，并让你走上提升自我觉知、希望和自我关爱的道路。

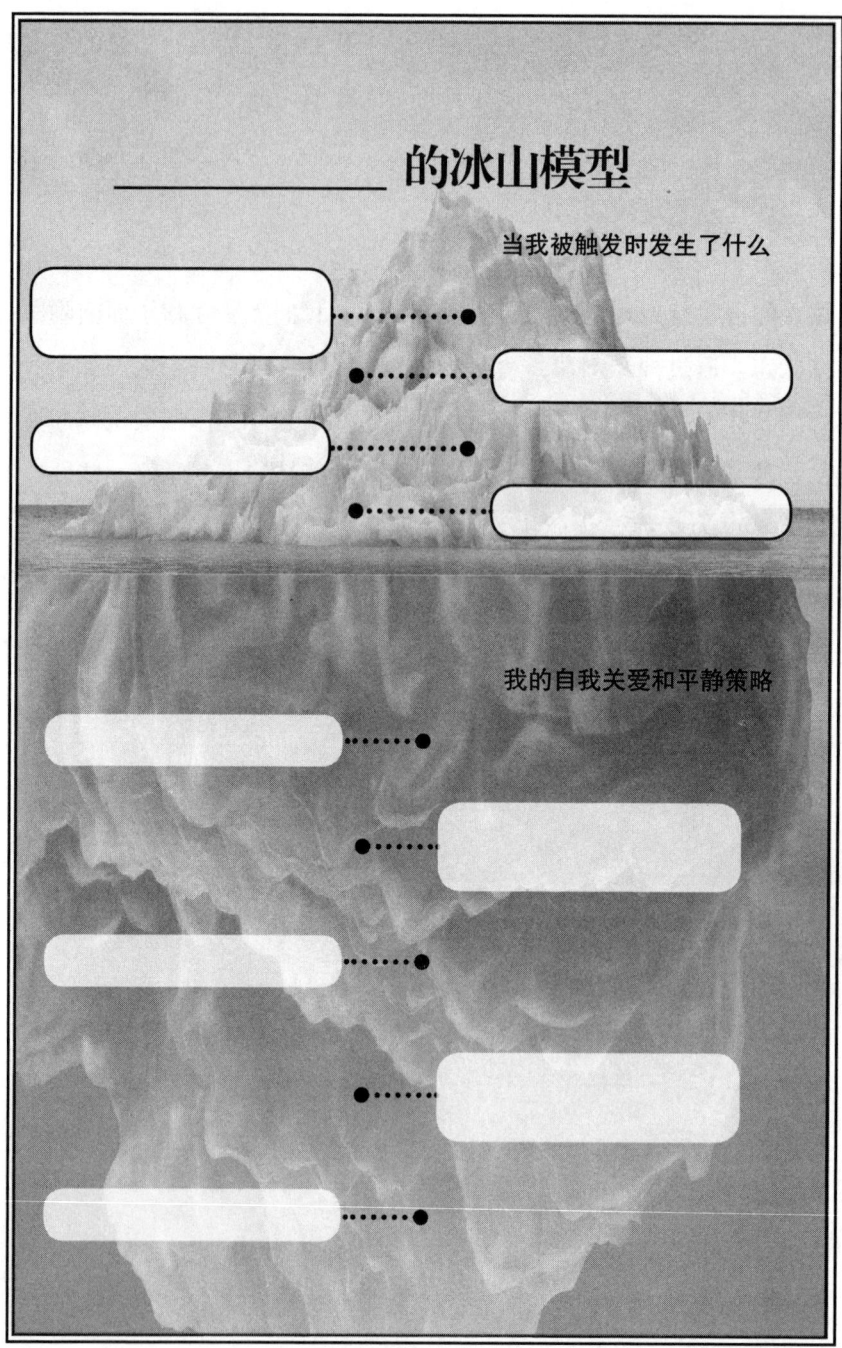

> **工作表**

成人自我评估和自我觉知：保持冷静

让我们思考一下自己的触发因素。

想想你面对的孩子出现问题行为时，你一般会采取什么行动？

回想过去或当下的情境中，哪些因素会让你无法停留在绿色通路，记录下来：

_____
_____
_____
_____

当你在干预孩子的行为时，有哪些来自自身的触发因素，让你走上红色通路，思考并记录下来：

_____
_____
_____
_____

以下是我可以为自己提供的一些积极的支持，以应对此类反应：

_____
_____
_____
_____

Copyright © 2019 Mona Delahooke. *Beyond Behaviors*. All rights reserved.

幸运的是，我们可以找到自我调节的方法，能够采取行动来抵消自己的情绪触发因素。在体验和构建自我觉知和关怀时，我们的关系也会得到优化。设计你的自我调节工具，你用什么策略来平静和抚慰自己？将它们记下来，提醒自己进行自我照料好处颇多，它还有助于增强你的应变能力，以应对那些现场突发的经历情绪风暴的孩子。

正念觉知有助于自我疗愈

对于陷入困境的孩子来说，他人的关怀是最好的疗愈工具，当我们能够在情绪稳定的状态下陪伴他们时，就能起很大作用。觉知自己的意识可以帮助所有的父母和专业人士培养关系，不再受到孩子（和我们自己的）情绪波动的影响。

正念是不加评判地觉察自己当下意识的能力。[22] 乔恩·卡巴特－辛（Jon Kabat-Zinn）通过在马萨诸塞大学医学中心（University of Massachusetts Medical Center）成功开展的减压活动，对健康和福祉产生了积极影响，在20世纪80年代引起了美国公众的极大关注。从那时起，研究人员就已经发现，正念可以改善心理学和医学的成果，能够减轻压力、防止倦怠和"同情疲劳（compassion fatigue）*"，使照料者提升对自己角色的满意度，神经多样性儿童的父母增加自己的愉悦感。[23]

如果我们不能首先让自己活在当下、保持自我觉知和平静，就无法真正帮助孩子解决他们的问题行为，这是正念自我关怀的内涵。克里斯汀·内夫（Kristin Neff）是这种正念方法的主要研究者，她将正念自我关怀描述为"当我们遭受痛苦时，照顾好自己，就像照顾一个我们深爱的人。"**她把自我关怀定义为三个部分：善待自己、普遍的人性和正念。**[24] 内夫博士进行的

---

* 一种帮助者会经历的极端的紧张状态，对别人所面对的痛苦的持续关注会给帮助者造成继发性创伤压力。——译者注

广泛的研究表明，对于自闭症谱系儿童和其他各类人群的父母，自我关怀带来的好处是显而易见的。[25]

自我关怀似乎是一种奢侈品，特别是当孩子处于红色通路并需要立即援助的时刻。但是当我们随着时间的推移不断练习它，就可以轻松地进行，像深吸一口气那么自然。

针对照料者的减压呼吸

呼吸是人类共同拥有的最基本的能力。深深地吸一口气，尽量让自己缓缓地放松。在第二次或第三次呼吸时，让你的呼气时间比吸气时间长。如果你觉得这样做很舒服，就继续这样呼吸几下。它能减缓神经系统的压力并让副交感神经系统开始发挥制动作用，这是回归绿色通路的最节省时间的方法。

克里斯汀·内夫和心理学家克里斯托弗·格默（Christopher Germer）创造了一种正念自我关怀的方法，以帮助父母和支持者进行情绪调节。[26] 面对孩子的挑战时，安静地接受现实并对自己说"这是一个难题"或"这是一个痛苦的时刻"，赋予自己慈悲的力量。只是瞬间被触发的意识，往往就足以阻止你的那些冲动的言行，保护孩子的利益不受损害。

如果你在练习时感到很舒适，请再尝试内夫博士和格默博士设计的以下练习，它能帮助身体变得平静，并产生对自己积极的情绪。请记住，正如本书中的所有练习一样，如果你开始感到痛苦，只需停下来即可，不要进行自我评判。有时，让身体静止会导致头脑中的念头被激活，这可能让某些人感到不适。（有关正念和自我关怀的其他资料，请参阅本书的"资源"部分。）

> **练习**
>
> # 深情呼吸
>
> - 在整个冥想过程中，为身体找一个支撑点，让自己处于舒适的状态。轻轻地闭上眼睛，半闭或全闭都可以。缓慢、轻松地呼吸，释放身体不必要的紧张。
> - 尝试将一只手放在心脏或其他让你感觉镇定的部位，提醒自己不仅要保持觉知，还要对呼吸和自我保持深情的觉知。你可以随时将手放在那里或将手放下来休息。
> - 开始关注你的呼吸，体会身体的吸气和呼气。
> - 体会你的身体如何在吸气时得到营养，并在呼气时放松身心。
> - 无须做任何事情，只是让身体呼吸。
> - 现在开始关注呼吸的节奏，吸入和呼出。花一些时间来感受呼吸的自然节奏。
> - 感受整个身体随着呼吸产生的微妙的起伏，就像大海的波动一样。
> - 你的念头会像好奇的孩子或小狗一样自然冒出。当这种情况发生时，只需轻轻地将注意力返回对呼吸节奏的觉知上。
> - 感觉你的整个身体内部在呼吸的带动下轻微地波动。
> - 如果感觉良好，你可以让自己的呼吸成为当下唯一的存在。只是呼吸、呼吸。
> - 现在，柔和地将注意力专注在呼吸上，安心沉浸在自己的体验中，觉知自己的感受和真实的自己。
> - 慢慢地、轻轻地睁开眼睛。
>
> 摘自 *The Mindful Self-Compassion Workbook* (2018) by Kristin Neff, PhD, and Christopher Germer, PhD. Used by permission of Kristin Neff, PhD.
>
> Copyright © 2019 Mona Delahooke. *Beyond Behaviors*. All rights reserved.

在我们的文化中，人们往往通过自己的权威而不是人际关系和共同参与的方式来帮助儿童管理自己的行为。正念研究中关于自我关怀的理念尚未普及，然而，这一有价值的发现却有力地支持了多层迷走神经理论的基本观点：当人类感知安全时，他们自然会做出社会参与行为（与问题行为相反），战斗、逃跑或僵住的行为会消失，因为不需要再这么做了。[27]

> 我们（成人、父母、照料者、专业人士）都是工具箱中最重要的工具。

我们是怎样的人与我们说了什么同样重要，因此我们需要花些时间反思，在与孩子的互动中我们为他们提供了哪些信息。[28] 在进一步考虑如何帮助孩子与我们建立关系时，回想一下在你生命中有哪些时刻，你感觉与另一个人处于真正安全的关系中，以下工作表将引导你通过练习寻找连接和安全的记忆。

> **工作表**
>
> # 连接的特征
>
> 找一个安静的地方，静坐、闭上眼睛。想想你的生活，从过去或现在，谁让你感到安全、被爱和安定。想象一下这个人的面孔和声音，并描绘出这个人所体现的令人宽慰的品质。如果你想不起来有这么一个人，就发挥你的想象力，设想一个有这些品质的富有爱心和智慧的人。花一些时间专注于那个人的形象和品质，然后睁开眼睛。
>
> **你做这个练习时出现了什么感觉？**
>
> _____
> _____
> _____
>
> **当你想到与这个人的互动时会联想到什么词语或画面？**
>
> _____
> _____
> _____
>
> **这个人说或做了什么让你感到安全、被爱和安定？**
>
> _____
> _____
> _____

Copyright © 2019 Mona Delahooke. *Beyond Behaviors*. All rights reserved.

前面描述的练习和其他自我照料的工具，可以培养你为孩子提供关爱的能力。换句话说，这些策略可以帮你找到平静的绿色通路。成人追踪自己的情绪反应能更好地促进儿童的治疗，这与儿童建立自己的社会性和情绪发展之屋同等重要。

第 113 页的工作表"成人问卷：我处在哪条情绪通路上？"中，如果你的答案表明自己确实处在绿色通路上，那么就可以准备好继续下一步，随后的几张工作表将根据孩子发展过程的 5 个步骤，帮助你了解与孩子的交往质量。

了解我们的关系

如果我们处于绿色通路上，接下来让我们来了解自己与孩子的交往质量。

> **工作表**
>
> # 参与和关系（成人）
>
> _____ 是的，我处在绿色通路上，我很想和这个孩子交往。
>
> _____ 我能感到对孩子怀有共情或怜悯（哪怕只有一点）。
>
> _____ 我的面部表情（特别是脸的上半部分、眼睛和额头）、肢体语言或其他非言语部分是放松的，表明我的身心水平适合与孩子相处。
>
> _____ 我可以用言语或肢体语言，以孩子需要的方式接触他们。
>
> 如果你大体能够做到这些，**继续下一步**。如果没有，**请在此处停止**并回到最初阶段，从本章开头的练习开始。
>
> 改编自 Greenspan & Wieder, 2006

> **工作表**

非言语互动（成人）

孩子知道我关心他们，可以陪伴他们，现在我能与他们在一起。

_____我可以使用语言、手势或信号，来观察我们是否可以进行互动交流。

_____我能选择在何时何地做什么来传递与孩子互动沟通的积极信号。

_____我们正通过手势或语言，或两者结合的方式轻松地进行交流。

_____我们正在以一来一回的互动方式，愉快地共享美好时光。

如果你能够做到这些，**继续下一步**。如果不能，**请在这里停止**并回到最初阶段，重新开始。

改编自 Greenspan & Wieder, 2006

工作表

共同解决社会问题（成人）

_____ 我吸引了孩子的注意力，我们正在进行一来一回的沟通。

_____ 我可以通过一些手势或语句与孩子交流，看看他们是否会通过肢体语言或语句来补充我所说的内容。

_____ 我们用言语或手势进行"讨论"，在良好的交互节奏中共享一段经历。

_____ 我开始明白孩子想与我沟通什么或需要我做什么。

如果你能够做到这些，**继续下一步**。如果不能，**请在这里停止**并回到最初阶段，重新开始。

改编自 Greenspan & Wieder, 2006

Copyright © 2019 Mona Delahooke. Beyond Behaviors. All rights reserved.

> **工作表**

使用语言、想法和游戏（成人）

_____ 我正在与孩子沟通和交流。

_____ 我可以通过猜测孩子当下的状态或提出简单的问题来分析刚刚发生了什么。

_____ 我可以问孩子，现在发生了什么事以及孩子认为发生了什么。

_____ 我可以反思并接纳孩子想弄清楚他们需要什么的过程。

_____ 我正在通过言语、游戏、文字或其他创造性方式与孩子讨论如何分析问题，并帮助他们找到新的应对方式。

如果你能够做到这些，**继续下一步**。如果不能，**请在这里停止**并回到最初阶段，重新开始。

改编自 Greenspan & Wieder, 2006

工作表

搭建桥梁（成人）

_____ 我开始明白孩子如何在所发生的事情中，看待自己以及我的角色。

_____ 我们能结合背景分析当前的情境。

_____ 我们正在制订计划，以备将来应对此类事件。

_____ 我强调人们在艰难时期是彼此需要的，我对孩子是开放的，他们需要时我会陪伴在他们身边。

笔记：

改编自 Greenspan & Wieder, 2006

Copyright © 2019 Mona Delahooke. Beyond Behaviors. All rights reserved.

上述工作表中描述的过程是动态的,并不一定会在一个情境中发生,而是在一段时间内发生。通过练习,你可以更轻松地了解自己和孩子的情绪状态。**这种发展模式把关系置于中心,从儿童与父母、教师、专业人士或照料者之间的情绪共同调节入手。**

儿童需要与成人进行共同调节

我们发现,情绪调节基础差的孩子需要他人的帮助才能找到回归绿色通路的途径。我们通过陪伴进行情绪共同调节,帮助和支持孩子调整状态。情绪调节方面的专家斯图尔特·尚克尔(Stuart Shanker)称儿童调节情绪能力为"自我调节(self-regulation)"。[29] 我们与孩子的互动会影响他们如何感知世界。一旦孩子在身心方面感到安全,就极大地增加了他们参与学习和获得成长的可能性,以及对新体验、感受、情感和想法的容忍度。

菲利克斯:情绪共同调节的力量

菲利克斯进入幼儿园时是一个一点就爆的孩子,当同学无法满足他的要求时,他常常掐他们。他的一年级教师在帮助学生应对问题行为方面小有名气。从一开始,教师就与菲利克斯建立了密切的联系,每天早上她都单膝跪下,把他的双手握进自己的手中,用充满温暖、关注和真切的眼神注视着孩子的眼睛,在他的脸上寻找情绪的信号。如果她感到孩子恐惧或犹豫,就会停下来陪伴他几分钟。有时候,如果她观察到孩子的脸上或身体呈现出压力的迹象,她就指定一项特殊任务让他协助完成,确保孩子与自己保持亲近。每天她都需要对菲利克斯的关系安全进行评估,并为之奠定基础。菲利克斯需要她所传递的安全信号来保持冷静和注意力。教师自然而然就懂得重视和理解情绪共同调节对儿童的益处。

　　她的方法被证明是有效的。菲利克斯不再那么频繁地掐同学，他提高了自控水平，当他感到沮丧或需要帮助时，会向教师伸出援手，而不是掐人。教师定期与菲利克斯的父母沟通，他们互相交流菲利克斯对各种情况的容忍度。在他醒来就感到焦虑或痛苦的日子里，他的教师和父亲很快（私下里，不让菲利克斯听到）进行沟通："这是一个绿色的早晨！"或"这是一个红色的开始！"所以，教师可以调整她与菲利克斯的互动和对他的要求。事实证明，这些信息对于她如何安排菲利克斯当天的日程和任务非常有价值。

　　在学年开始的几个月后，教师有事不得不离开学校一周。她感觉菲利克斯仍然很脆弱。她留下了大量的笔记提醒替补教师，菲利克斯可能每天早上甚至一整天都需要情感支持。她真正关心孩子，并明白他的行为控制取决于与成人的情绪共同调节而获得的安全感。

　　替补教师尽职地遵循了指示，但不幸的是，菲利克斯并没有感受到与她的连接。在替补教师到来的第二天早上，他就掐她。教师受过训练，懂得在面对消极行为时保持中立，以免加强这些行为，所以她试图忽略菲利克斯的行为，但在随后的几天里这些问题行为增加了。

　　这是怎么回事？ 菲利克斯心爱的教师突然离开导致他的容忍阈值下降，引发了他的防御行为。他并非有意伤害替补教师，而是由于突然转向红色通路而无法控制本能的冲动。当教师忽略了他的行为时，他感到更加不安。

　　将情绪共同调节视为解决持续性问题行为的前沿方法，转变了我们如何对待和管理最具行为挑战的儿童的旧有模式。如果将具有最严重问题行为的儿童视为最脆弱的儿童，就能理解这种转变的必要性。

当我们保持平静时，就可以传递关系安全的信号

正如我们所看到的，当我们保持平静时就可以最好地支持孩子。重要的是意识到沟通的方式和沟通的内容同样重要。当我们帮助一个正在挣扎的孩子时，第一步不是讲道理、教训或指导，而是陪伴他们。

> **工作表**

为儿童传递关系安全的信号

根据多层迷走神经理论的观点，人类通过语调、面部表情、姿势和其他非言语形式的交流传递安全或威胁的信号。[30]

思考：我的情绪是否保持稳定？我为孩子提供的线索是否能支持其社交活动？通过以下问题来衡量你所传递的安全线索，看看哪些适用于你。

陪伴：我是否与孩子在一起，专心照顾他/她，而不是分心或同时做几件事？

_____

声调：我的音量是否让孩子感到悦耳？_____ 我的声调是否抑扬顿挫？_____ 我的声音是否透着温暖和关怀？_____

面部表情：我的脸是否表达了安全和参与的信号？

_____

步调和节奏：我是否能满足孩子的即时要求，并与之同步？

_____

姿势：我的姿势是否看起来很放松，很友好？

_____

Copyright © 2019 Mona Delahooke. Beyond Behaviors. All rights reserved.

影响情绪共同调节的潜在信息

菲利克斯与两位不同教师的经历说明了我们与孩子互动的重要性。他们可以感受到恐惧和评判与同情和积极关注之间的区别,虽然我们不能指望自己每时每刻都能够实现这一目标,但没关系,目标值得期待。

传递最具支持性的信息并不总是那么容易。即使我们正在努力,有时却意识不到我们传递的一些潜在信息抵消了情绪共同调节的作用。对娜塔莉来说,这是一个挑战。她很想帮助女儿迈拉缓解焦虑,却在此过程中不知不觉加剧了这个问题。

迈拉:父母"坚强"的重要性

迈拉是一个五年级学生,在学校表现很好,但她的一些行为却让母亲娜塔莉忧心忡忡。迈拉经常咬指甲和下唇,以至于伤口恶化为一种无法愈合的口疮。她的儿科医生认为这种行为是由压力引起的,并建议进行家庭治疗。所有的迹象表明,迈拉过着舒适的生活,虽然父母离异,但他们都很关心她的生活。娜塔莉读了最新的育儿书籍,并尽量每天与迈拉沟通。当迈拉描述美好的一天时,妈妈的情绪就会高涨,而在迈拉感觉挣扎的那些日子里,妈妈就感到沮丧。尽管妈妈尽量掩饰自己的反应,心里却总是担心女儿。

当我独自与娜塔莉见面讨论如何帮助迈拉的计划时,我问她是如何与孩子相处的,她很快就变得情绪激动,停顿片刻后眼泪夺眶而出。她说作为一个单身母亲,她在照顾女儿时感到一种沉重而孤独的压力。

谈谈我个人的感受,作为一个敏感的母亲,当遇到娜塔莉时,她的挣扎引起了我的共鸣。由于我的个人情况,她的故事自然地把我带入同情的立场。虽然我没有与她分享自己的经历,但我觉得(她似乎也这么觉得),我们在作为父母的巨大责任上有一种无言的情感联系。在进行放松的自我疗愈时,我通过自己的感受引导我们之间的互动,用我的情感进行陪伴,此刻,选择不做或不说什么,与选择说什么同样重要。

这种连接对于我们沟通彼此的想法很有帮助:接下来的几周内,在参与而非评判的氛围中,我们反思了孩子如何接受父母的照顾和关心。虽然我理解娜塔莉作为单亲妈妈的难处,但是总以善良和耐心来满足女儿的行为也是不恰当的。我向她强调,这不是养育者的目标,因为生而为人我们会有自己的本能反应。我们讨论了在育儿过程中温柔地对待自己是多么重要。这种互动开启了我们之间的信任窗口,我们猜测,迈拉可能正在感受母亲的关注,而母女二人无意中增加了彼此的焦虑。

这种猜测也是有研究依据的,研究人员发现,矫正错误(过度地与他人谈论问题以及与他们相关的负面情绪)实际上会增加焦虑,特别是在女孩身上。[31] 娜塔莉对女儿表达爱的方式,附着了她的压力,这样的互动很可能让母女二人都感觉不那么安全。她们不是互相帮助去感受平静,而是无意中让对方更加焦虑,她们的幸福感非但没有增加,反而减少了。我与娜塔莉讨论了如何建立心理弹性,变得更坚韧,这样做也会使她的女儿受益。

娜塔莉意识到自己的情绪状况、压力水平和相处方式阻碍了母女的情绪共同调节,她随之改变了策略。我推荐了当地一所大学的一些免费的减压项目,娜塔莉加入了一个以正念为基础的养育支持小组。通过反思自己,她了解到能为女儿做的最好的事情就是首先关注自己的社会性和情绪发展之屋,建立自己的心理弹性,成为一个不那么容易警惕和担心的坚强的母亲。随着时间的推移,她与迈

> 拉的互动模式发生了变化，母亲和女儿在一起时越来越放松。当迈拉开始向妈妈坦言她的担忧和顾虑时，她咬了一下嘴唇和指甲，最终还是停了下来。

安全感的优先法则：少即是多

虽然谈论困难并不是什么本质上的错误，但我们经常谈得太早。如果一个孩子还不能稳定地处于社会性和情绪发展阶段的上行过程中，无法内化并利用自上而下的建议，那么谈论他们的问题恐怕不会奏效。换句话说，过早使用自上而下的解决方案几乎没有什么好处，因为孩子还处在自下而上的阶段。谈话不仅于事无补，还会让事情变得更糟。就像娜塔莉和迈拉的例子一样，对压力源进行反思和思考会增加孩子的压力。我们打算用说教或强调后果的方式解决问题时，需要先反思自己的感受和动机，想清楚我们想说的话会让孩子感觉更好还是更糟。

行动中的共同调节：帮助马特奥的更好方法

正如我们从多个案例中所看到的那样，帮助问题儿童的关键是首先保障他们的安全感，为其今后的成长和压力耐受力的提高搭建基础。本章开头提到的被送往"冷静室"的学生马特奥，他的行为问题是由于治疗计划缺乏关系安全支持而导致的压力反应。在新思路的指导下，马特奥的问题得到了明显改善。

对于与马特奥相处的成人而言，第一步是开始关注他的行为，而不是忽视他。他的课堂助理要明白，当马特奥开始以某种方式移动身体，或者向她的方向扫视时，他并非想搞破坏或只为寻求关注。他只是向我们发出了寻求安全感的信号。有了这种新的理解，助理开始关注孩子的真实需求，而不是通过挪开或侧身来进行回应。

事实证明，自从采用这种方法后，助理的感觉好多了，之前在执行个性化教育计划时要求她忽略孩子的行为，作为一个高度重视关系的人，她在这个过程中感到很难受。随着时间的推移，用本能的慈爱来抚慰孩子，她就能够帮助马特奥在一定的压力范围内学会忍耐，让他在身心感觉到安全的状态下，更多地参与到课堂中。由于周围的成人都开始专注于情绪共同调节，马特奥增加了信任感。在这种持续的情感支持下，他开始更多地与人沟通，先是用手势，然后通过信号，最后使用平板电脑。**现在他的行为干预团队开发了很多实用的技巧，如将任务分解为更小的步骤、采用基于预测性和发展性的方法、运用视觉时间表以及其他方式，这些都取得了协同效应，因为他进入了一个全新的学习和参与的世界中。**

当我们了解了人类大脑是如何随着时间的推移而进化时，就会明白，治疗的基础在于相信爱与信任是人类的根本。[32] 这个本质可能不容易在科学实验中表现出充分的"证据"，但它的确是人类身心健康的核心。当我们承认这一事实并将这一理念融入护理系统，就能够帮助更多的孩子茁壮成长、建立连接和蓬勃发展。**目前，神经感知的概念尚未融入心理健康、教育、社会工作或司法系统等领域，一旦融入，它将会从整体上改变我们对儿童问题行为的处理方式。**

现在我们基于前面所学，学会如何分析儿童问题行为的全貌，从而提供切实可行的帮助。第 5 章将介绍如何在启动自上而下的策略之前，通过分析行为的原因和触发因素，聚焦于自下而上的策略。自上而下的策略将在第 6 章中重点讨论。

> **工作表**
>
> # 整合所有要素：安全感是起点
>
> 当我们陪伴孩子时，可以思考一些问题，帮助我们更好地与孩子进行实时互动。换句话说，我们可以根据这些问题，确定孩子处于哪条颜色通路和发展阶段。
>
> 1. 孩子处在哪条通路上？ _____ 绿 _____ 红 _____ 蓝
> 2. 在这条通路上的程度如何？ _____ 强 _____ 中 _____ 弱
> 3. 成人处在哪条通路上？ _____ 绿 _____ 红 _____ 蓝
> 4. 在这条通路上的程度如何？ _____ 强 _____ 中 _____ 弱
>
> 孩子处于哪个发展阶段？请评估以下内容。
> - ☐ 平静
> - ☐ 连接和互动
> - ☐ 通过一来一回的节奏进行交流
> - ☐ 通过手势进行沟通（如果无法用手势，也可以通过某种技术手段）
> - ☐ 通过词语/符号来表达思想和想法
> - ☐ 与他人交流思想和想法
>
> **笔记：**
> 哪些有帮助？ _____
> 哪些没有帮助？ _____

Copyright © 2019 Mona Delahooke. *Beyond Behaviors*. All rights reserved.

要点

- 波格斯博士的多层迷走神经理论的观点认为，关系安全性必须是所有与儿童进行治疗性互动的起点。
- 评估孩子是否感觉"脑安全"非常重要。
- 我们需要明白的第一件事就是，问题行为是孩子的社会参与系统需要人际关系帮助的信号。
- 作为父母和支持者，我们需要关注自己的绿色通路，并发展自己的神经系统，以便与孩子进行情绪共同调节。
- 当压力可控、根据个人的情况而设、有成人的支持和陪伴时，孩子学习新事物和对压力的耐受水平就能得到提升。
- 父母和支持者可以从自我照料和自我关怀中受益，因为"自我疗愈"是我们拥有的最重要的工具。

第 5 章
找到行为背后的原因：
以自下而上的方式应对挑战

> "对于孩子的成长和灵魂，学业课程是必需的，
> 但更重要的是人性的温暖。"
>
> ——卡尔·荣格（Carl Jung）

摩根：寻找触发因素

从摩根出生那天起，父母就把这个孩子视为"另类"。他不知道有什么剧烈的痛苦，夜间哭闹起来能长达 3 个小时。这么闹腾了大约 5 个月后，摩根变成了一个充满活力、友善、快乐的孩子。

不过，摩根可爱的那一面只有在他快乐的时候才会表现出来。当他不高兴时，就表现出喜怒无常、烦躁和强烈的控制欲。当父母把他送下车走进学校时，他就会抗议和哭泣。他已经上一年级了，但他的社交技能却不及同龄人，这令教师非常担忧。虽然他生活在

> 一个稳定的家庭环境中，拥有父母的宠爱，能满足他所有的基本需求，但他依然处于挣扎之中，这是为什么？虽然能找到合适的理由进行解释，不过我们还需要进行深入的了解才能确定。

在本章中，我们将更深入地研究如何从个体差异入手来分析问题行为。简而言之，我们的目标是找出导致孩子出现问题行为的任何因素，以便通过支持性的干预手段来应对。这需要精准定位任何让孩子远离绿色通路，转向抨击、逃跑、回避、过度警惕、忽视或封闭的东西。

我们将研究如何将自下而上和自上而下的策略连接起来，帮助孩子学习新的应对方式。我们将研究如何通过人际交往解决生理发育上的限制，增加孩子对新体验的耐受力。我们还将研究来自心理健康以外领域的各种专业人士（包括儿科医生）如何共同致力，为解决儿童行为问题做出全面的基础性解决方案。

为支持摩根我们设定了以下流程，帮助我们透过行为表象寻找背后的原因，然后再确定每个孩子需要什么类型的互动方式和针对性治疗方案。每个孩子需要的这4项活动简称为IDEA（inquire, determine, examine, address），提醒我们应该努力思考，创造一个独特的针对每个孩子问题行为的支持方法。

- 询问（Inquire）：询问孩子的个人史并追踪行为，发现其模式。
- 确定（Determine）：确定哪些情境会导致孩子的痛苦。
- 探查（Examine）：探查调查结果揭示了哪些触发因素和潜在原因。
- 解决（Address）：通过互动和靶向治疗方案，解决导致问题行为的发展性挑战。

询问孩子的个人史并追踪行为，发现其模式

儿童的历史

在婴儿心理健康的亚专业领域，了解孩子的完整个人史，是一种标准的做法，包括母亲的怀孕、分娩和孩子第一年的情况。神经科学领域的专家已经证实，在人出生后的最初几年，人际关系对孩子大脑结构的发育是多么重要。[1] 我们可以通过询问来了解早期关系和环境对孩子的影响，如果你是父母，回想一下孩子早期经历的情形。

以下工作表涵盖了儿童史的基本信息，当我与孩子的父母初次见面（没有孩子在场）时会了解这些情况，如果孩子被寄养或领养，某些信息无法了解时，照料者可以把他们所知道的都写出来。

> **工作表**

孕期和婴儿期

（由父母或照料者完成）

1. 请描述一下孕期具体的情况和细节。
   _____
   _____

2. 怀孕期间孕妇/胎儿的身体健康状况。
   _____
   _____

3. 怀孕期间是否有并发症？ _____是_____否
   描述：_____

4. 孕期母亲的压力水平：_____低_____中_____高
   描述：_____

5. 怀孕是否足月（37周或更长时间）？
   _____否_____是
   早产？_____否_____是（_____周）

6. 阵痛和分娩：_____不明显_____并发症或困难
   描述：_____

7. 婴儿第一年是否有任何健康或发育问题？_____否_____是
   描述：_____

Copyright © 2019 Mona Delahooke. Beyond Behaviors. All rights reserved.

8. 婴儿在出生后 6 个月内的睡眠模式／习惯是什么？＿＿＿＿＿＿＿

　　7—12 个月？＿＿＿＿＿＿＿＿＿＿＿＿＿＿＿＿＿＿＿＿＿＿＿＿＿＿

　　2—5 岁？＿＿＿＿＿＿＿＿＿＿＿＿＿＿＿＿＿＿＿＿＿＿＿＿＿＿＿

　　目前？＿＿＿＿＿＿＿＿＿＿＿＿＿＿＿＿＿＿＿＿＿＿＿＿＿＿＿＿

> 工作表

儿童的早期经历
（由父母或照料者完成）

1. 孩子第一年的情况如何？（检查各方面）
   _____符合我的期望_____令人愉快_____可管理_____中度压力_____压力很大
   说明：_____
   _____

2. 孩子出生后头两年，主要的照料者是谁？
   （包括日托中心、父母、保姆、大家庭、奶奶/姥姥等）
   _____
   _____

   a. 主要照料者：_____
      孩子被其照料时的年龄：_____
      照料者每天_____或每周_____多少小时和孩子在一起？
      与此照料者在一起的总时长：_____

   b. 主要照料者_____
      孩子被其照料时的年龄：_____
      照料者每天_____或每周_____多少小时和孩子在一起？
      与此照料者在一起的时长：_____

3. 孩子在进入学前班之前上过幼儿园吗？ _____否_____是
   如果是，那时孩子多大？_____
   在幼儿园待了多少年：_____

Copyright © 2019 Mona Delahooke. *Beyond Behaviors*. All rights reserved.

4. 在家庭中是否遭受过严重的生活压力或不良经历：

　　a. 孩子出生后的第一年？ ＿＿＿＿＿＿ 否 ＿＿＿＿＿＿ 是

　　　说明：＿＿＿＿＿＿＿＿＿＿＿＿＿＿＿＿＿＿＿＿＿＿＿＿＿＿＿＿＿＿＿

　　b. 2—5 岁？ ＿＿＿＿＿＿ 否 ＿＿＿＿＿＿ 是

　　　说明：＿＿＿＿＿＿＿＿＿＿＿＿＿＿＿＿＿＿＿＿＿＿＿＿＿＿＿＿＿＿＿

　　c. 6—9 岁？ ＿＿＿＿＿＿ 否 ＿＿＿＿＿＿ 是

　　　说明：＿＿＿＿＿＿＿＿＿＿＿＿＿＿＿＿＿＿＿＿＿＿＿＿＿＿＿＿＿＿＿

　　d. 10—13 岁？ ＿＿＿＿＿＿ 否 ＿＿＿＿＿＿ 是

　　　说明：＿＿＿＿＿＿＿＿＿＿＿＿＿＿＿＿＿＿＿＿＿＿＿＿＿＿＿＿＿＿＿

5. 你是否曾因宝宝的行为感到困惑？ ＿＿＿＿＿＿ 否 ＿＿＿＿＿＿ 是

　　如果是，请描述这些行为并加以解释：＿＿＿＿＿＿＿＿＿＿＿＿＿＿＿＿＿

　　＿＿＿＿＿＿＿＿＿＿＿＿＿＿＿＿＿＿＿＿＿＿＿＿＿＿＿＿＿＿＿＿＿＿＿

　　＿＿＿＿＿＿＿＿＿＿＿＿＿＿＿＿＿＿＿＿＿＿＿＿＿＿＿＿＿＿＿＿＿＿＿

6. 你第一次观察到孩子的行为或情绪问题时，孩子多大？ ＿＿＿＿＿＿＿＿

　　描述问题：＿＿＿＿＿＿＿＿＿＿＿＿＿＿＿＿＿＿＿＿＿＿＿＿＿＿＿＿＿

Copyright © 2019 Mona Delahooke. *Beyond Behaviors*. All rights reserved.

追踪行为

在收集儿童史的同时，通过简单的记录方法追踪儿童的行为非常有效，可由此找到模式、原因和触发因素的线索。通过追踪行为，我们还可以了解行为背后有哪些孩子的潜在需求，发现行为对于儿童的适应性和保护性功能。追踪行为使我们有更多的机会了解每个孩子的神经系统以及他们眼中的世界。你可以将下一页的工作表作为模板，连续几周追踪孩子的行为。

摩根父母的日志

我要求摩根的父母写一份为期两周的行为日志，以确保我们对于孩子的行为模式的追踪具有一定的可信度和准确性。第一次查看日志时，我们发现这些追踪信息相当令人困惑，我们无法确定是什么样的条件或情境导致了摩根的问题行为。触发物的变化很大，从他被要求收拾玩具，到不喜欢吃晚餐的食物，再到与玩伴发生冲突，都引发了他的问题行为。我们很难发现触发他进入各种行为的模式或情境的规律。不过，正如我们后来所看到的，缺乏模式本身成了令我们深思的有用信息。

工作表

追踪行为

日期：_____　时间：_____

儿童姓名：_____　记录员姓名：_____

被关注的行为发生之前的活动/要求/触发物：_____

观察到的行为：_____

行为持续时间：_____

恢复时间（以分钟为单位）：_____

日期：_____　时间：_____

儿童姓名：_____　记录员姓名：_____

被关注的行为发生之前的活动/要求/触发物：_____

观察到的行为：_____

行为持续时间：_____

恢复时间（以分钟为单位）：_____

备注：_____

_____

_____

_____

_____

Copyright © 2019 Mona Delahooke. *Beyond Behaviors*. All rights reserved.

确定哪些情境会导致孩子的痛苦

当行为模式不易识别或观察时，我会从更大范围向父母和照料者询问孩子的基本健康状况和日常生活流程，从最重要的部分开始：孩子的睡眠－觉醒周期。摩根的父母初次与我见面的时候提到，孩子在幼儿时期有一些睡眠困难，起初我没有把这当作一个警示信号，但在我们的第二次会谈中，我对摩根的睡眠问题进行了更多的了解。父母回忆了摩根婴儿时期的睡眠困难，为了让他入睡，他们开车带他出门，驾驶一小时后，再轻轻地把他抱到婴儿床上。

随着我们的讨论越来越深入，他们发现印象中摩根整晚睡得很香的日子不超过几个月。6岁时，他仍然每晚多次醒来，有时会在他们的床上或客厅沙发上睡去。我很快发现多年来这家人都没有享受过熟睡的安定了。让摩根入睡仍然是一项持续的麻烦事。父母说最近开始允许摩根在平板电脑上玩电子游戏直至睡着，这是帮助他在晚上入睡的仅有的几个方法之一。

在发现这些线索之后，我们将注意力转向为什么摩根的破坏性行为如此难以预测和破解？长期缺乏恢复性睡眠对于他的情绪调节有什么影响？现在，我们的首要任务是进一步调查这个家庭的睡眠模式（或缺乏睡眠模式）的质量。

探查调查结果揭示了哪些触发因素和潜在原因

在我的要求下，摩根的父母安排我与他的儿科医生进行电话会议。在会议上，我们都同意应首先关注孩子睡眠问题的改善。儿科医生建议使用补充剂（在睡前服用小剂量的褪黑激素），并特别建议他的父母与我一起观察，看看改善家庭的睡眠卫生是否会有效。也许当摩根睡得好些了，他的情绪问题和行为调节水平才能有所改善。

第 5 章　找到行为背后的原因：以自下而上的方式应对挑战　/149

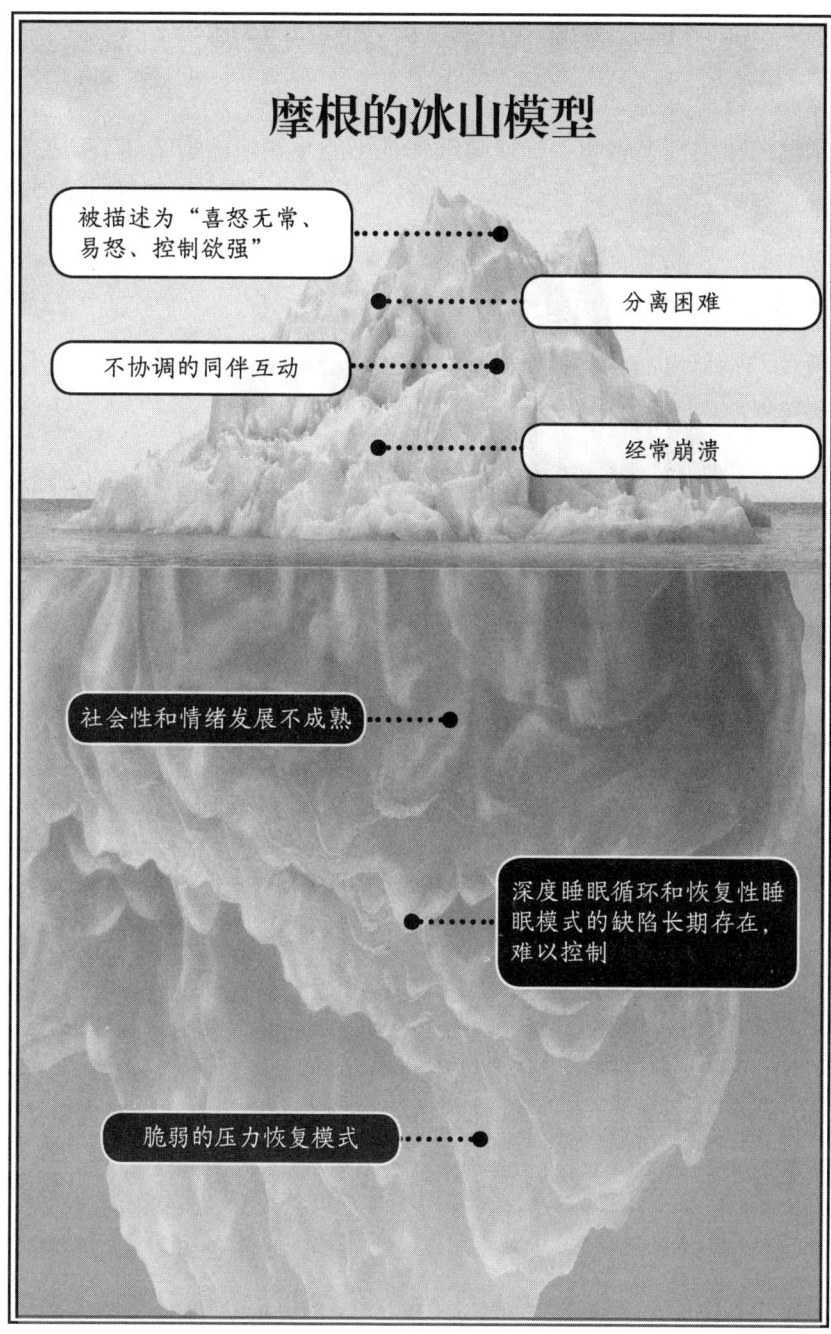

Copyright © 2019 Mona Delahooke. Beyond Behaviors. All rights reserved.

通过互动和靶向治疗方案解决发展性挑战

摩根的冰山模型表明，长期睡眠困难可能导致他的情绪调节阈值较低。这反过来影响了他控制行为和冲动的能力。他的压力水平每天都在波动，具体取决于前一天晚上的睡眠状况，以及他必须经历多少次压力转换管理和体内的感受（内感受）等因素。例如，通过追踪日志，父母发现了他偶尔出现的便秘与情绪和行为爆发之间的关联。当他便秘时，发脾气的频次明显增加。

儿童发展性问题对行为造成了重大影响，对其进行管理的一个重要步骤就是追踪孩子在家、在学校或在治疗中所经历的压力状况以及应对方式，我们需要对此进行记录或关注。虽然历史数据只需要获取一次，并且我们日常只在需要时才填写行为追踪工作表，但我还是建议家长、教师和支持者每天都记录孩子的压力水平。

在开始治疗之前，我经常让父母记录或口述孩子的一天是如何度过的，这有助于我们确定在治疗中能对孩子提出多少要求。我还建议家长把这些信息分享给那些与孩子相处的人，让陪伴孩子此生中的每个成人都能根据孩子对身心的管理方式来设定对他们的要求。就像患有 1 型糖尿病儿童的父母根据血糖水平调整他的胰岛素用量，我们可以根据行为数据的变化来设定对孩子的要求。

家长可以填写以下工作表（也可自己设计一份）并在上学日或会议之前，分享给教师或其他支持者，他们可根据孩子的压力水平调整互动方式和对孩子的要求。

工作表

实时追踪孩子的压力水平

你觉得孩子今天感受到了额外的压力吗？
_____ 否 _____ 是
说明：_____

孩子昨晚睡眠如何？ _____ 睡了个好觉（至少 8—10 小时）
_____ 适度睡眠 _____（多少小时）
睡眠很糟 _____（多少小时）

今天孩子进食有什么异常吗？ _____ 没有 _____ 有
描述：_____

孩子今天出现了健康问题吗？ _____ 过敏 _____ 便秘
腹泻 _____ 饥饿 _____ 病毒或其他疾病 _____ 其他

孩子今天是否经历了任何额外的压力源？
_____ 否 _____ 是
描述：_____

还有什么你今天观察到的现象或补充说明？ _____

Copyright © 2019 Mona Delahooke. Beyond Behaviors. All rights reserved.

我们对摩根的治疗计划从关注并改善他的睡眠开始。为了摸索让摩根平静的方法,父母通过填写清单来确定令他感到舒缓的感官偏好,寻找哪些感觉是儿子喜欢和有助于平静的,包括让父母以一定的力度按摩他的手、手臂、肩膀、用耳机听音乐等。通过这种舒适的感觉来抚慰孩子是一种自身体而上的策略。我们可以利用孩子的感官偏好来为他/她夜间睡个好觉做准备。

我发现这个家庭晚上的安排通常是混乱和匆忙的,可能对父母和孩子的睡眠卫生产生负面影响。于是,我们为整个家庭制订了一项新的睡眠卫生计划,我建议他们从下午5点左右回到家开始直到睡前几小时,设置一个"时间表",重新考虑一下作息安排。

摩根的父母深有同感,他们的晚上被各种事项占据,几乎没有时间在一起轻松度过,周末更是如此。在大多数工作日里,他们自己都很少处于绿色通路中,常常感到压力重重和担心摩根的情绪波动。为此,我向他们解释了情绪共同调节的作用,并强调了在晚间安排中尽可能多地融入绿色通路的重要性。

我和摩根的父母单独会谈过几次之后,决定通过调整家庭日常生活中的一些小事来改善他们的身心健康,这要先从鼓励家长如何更好地管理自己的压力开始。为了实现这一目标,摩根的妈妈下载了一个正念的应用程序,下班后在办公室做一个短暂的冥想,为自己创造一个空间,有意识地让自己在到家之前平静下来。爸爸则将工作日的工作时长缩短了一个小时,这种调整长达半年之久,他每天提前一个小时把摩根从课外活动中接回家,这样他到家时就不会那么疲惫,有更多的时间准备晚餐。

摩根的感官特质表明他对成人的情绪和语调非常敏感,因此,我们制订的计划要求父母回到家后要用柔和些的语调说话。我建议他们保持这种温暖和放松的语气共进晚餐,过去晚餐时大家边看电视边狼吞虎咽,现在变成了父母与孩子进行好玩有趣的聊天。

我还建议,一家人不要饭后都沉浸于各自的电子设备,他们可以基于摩根的兴趣开始新的晚间模式，比如晚饭后共同读一本书。其他建议包括：晚上将整个房子的灯光调暗，播放一些摩根最喜欢的柔和、优美的歌曲作为背景音乐，这些都是一些特别的暗示，表明从现在开始要进入缓慢和放松的状态了。

最后，我建议把摩根睡前看屏幕的时间至少减少一小时。如果摩根愿意，父母会在他洗澡后，为他的肩膀和背部做一个力度适中的、舒适的按摩。同时，父母也采取了相同的睡眠卫生策略，关掉自己的电子设备和电视，让整个家庭一起调整睡前的作息。

回顾一下，这个家庭采取了哪些改善睡眠习惯的方法与自身体而上的策略。

- 父母反思了自己的个人压力水平及其对摩根的影响。
- 母亲在下班后和回家之前这段时间进行了短暂的冥想练习。
- 父亲将工作日的办公时长缩短了一个小时。
- 父母都很关注自己的情绪调节，并用柔和的语调说话。
- 每个人在就寝前一小时停止使用电子设备。
- 父母根据摩根的感官偏好，以较暗的灯光和柔美的音乐作为背景。
- 摩根洗完澡后，父母为他做肩部按摩。
- 作为睡前安排的一部分，一家人开始一起夜间读书。

值得高兴的是，这一计划被证明是有效的。在之后的两周中，摩根开始每晚只醒来一次，这对他的父母来说是一个重大的转变和惊喜。多年以来，因为摩根每晚多次醒来，他们无法睡个好觉，虽然这只是一个小小的转变，也让父母感到精力大为恢复。调整过去的夜间模式，比如摩根常半夜三更起来溜进父母房间（稍后我们将讨论如何帮助摩根改变这一习惯）花了几个月的时间。然而，这3个月中，一家人的睡眠比他们记忆中的任何时候都要好。

不断有研究证明，睡眠对我们整体的健康和幸福而言，与情绪调节有同样重要的意义，它也是控制我们的情绪和行为的前提。[2]

> 了解孩子睡眠的质量和时长是有意义的，我们需要评估孩子的问题行为是否因睡眠不佳引发。

摩根的父母反馈说，只要摩根晚上能进入熟睡状态，他的烦躁和情绪低落的程度便显著减弱，这也让父母松了一口气。下一步是解决摩根的社会性和情绪发展不成熟的问题，在此之前他长时间面临着调节上的困难。令教师担心的是，他在休息期间要么霸道地对待其他孩子，要么独自玩。针对这种情况，让我们继续讨论如何利用儿童的感官偏好来帮助他们获得自己身体的平静。

使用感官偏好帮助孩子的身体平静下来

当我们与孩子的互动达到最大化，并充分利用感官体验的镇静效果时，就可以帮助孩子好转。通过调动孩子的感官偏好和不带主观偏见的互动，我们可以在孩子出现问题行为时更好地抚慰他们。感觉可以让我们陷入困境或不安，也可以帮助我们感到舒适和安全。

如何了解特殊儿童的感官偏好？以下系列工作表从听觉或声音偏好开始，帮助我们识别儿童的感官偏好，建议孩子的父母或照料者填写这些工作表。我们每个人都有自己独特的感官偏好，帮助我们保持在绿色通路的状态，或者当我们开始感到压力时回归绿色通路。对于年幼的孩子，你可以通过观察每个孩子的情况，找到适合的感官抚慰方式。对于年龄较大的儿童和青少年来说，与之交谈各种感官体验如何帮助我们获得头脑和身体的平静是非常有益的。

作为支持者或照料者，当你为孩子填写这些内容时，也可以同时思考不同的感官策略对你自己是否有效？例如，薰衣草的香味，可以为某些人的神经系统提供镇静作用。[3]

关于味觉的说明：这些工作表不包括味觉的感官偏好列表。因为我一般不建议将食物作为感官策略的一部分来助人平静。使用食物作为感官舒缓的策略可能会导致健康问题，比如体重增加和对情绪调节下的潜在威胁感的忽略。出于这些原因，最好使用其他感官系统帮助孩子找到平息身心的方法，可以在家庭聚餐中，更多地利用食物搭建人与人之间的连接和沟通的桥梁。

> **工作表**

听觉偏好

在与孩子互动的过程中，我们可以最大化地利用孩子身体的感官体验，让他们感觉更舒服，从而平静下来。

1. 声音：你的孩子喜欢的环境中有什么样的声音？_____

2. 你的孩子听到这些声音通常会如何回应？
       人声_____
       男声_____
       女声_____

3. 你的孩子更喜欢怎样的音量？
   _____低一些的音量_____高一些的音量

4. 你的孩子喜欢什么样的音高/音调？
   _____

5. 你的孩子喜欢什么类型的声乐？
   _____

6. 你的孩子喜欢什么类型的流行音乐？
   _____

7. 你的孩子喜欢什么类型的器乐？
   _____

8. 你的孩子喜欢什么类型的大自然声音？
   _____

Copyright © 2019 Mona Delahooke. *Beyond Behaviors*. All rights reserved.

工作表

视觉偏好

我们现在转向视觉系统，看看孩子如何使用他们的视觉系统探索世界。

1. 你的孩子喜欢看哪类物品？
   _____

2. 如果家里的东西放错了位置，孩子是否会注意到？ _____否 _____是
   如果孩子注意到了，他/她通常会有怎样的反应：
   _____否定 _____积极 _____中性

3. 当孩子的东西放错了位置，他/她是否会采取行动？
   _____否 _____是

4. 孩子看到他人的面孔时会感觉舒适吗？
   _____否 _____是

5. 孩子更倾向于以下哪种方式：
   _____直接目光接触
   _____周边眼神接触（从眼睛侧面看）
   _____其他形式的间接目光接触
   如果是，请举例：_____

6. 你是否观察到孩子在灯光变暗时会平静些？
   _____否 _____是

7. 什么样的光线能让你的孩子更安定？
   _____

Copyright © 2019 Mona Delahooke. Beyond Behaviors. All rights reserved.

> **工作表**

触觉偏好

触摸是生活中的重要部分。以下工作表将帮助你识别哪些触觉偏好能让孩子平静下来。

1. 什么样的抚摩让孩子感觉舒缓（拥抱、按摩、紧握、轻触等）？
   _____

2. 孩子睡觉时是否愿意盖上毯子？
   _____否_____是

3. 毯子的重量对孩子有影响吗？
   _____否_____是
   如果是，你的孩子：
   _____喜欢轻薄的毯子或被单
   _____喜欢厚重的毯子，有一些压力感

4. 孩子喜欢身体哪些部位被触摸（头部、手臂、手、肩膀、背部、脚等）？
   _____

5. 孩子更习惯什么样的压力负荷？
   _____重压_____轻压

Copyright © 2019 Mona Delahooke. Beyond Behaviors. All rights reserved.

> **工作表**

嗅觉偏好

嗅觉系统（嗅觉）与记忆有着紧密的联系。成人和儿童常常会发现某些气味很令人愉悦。以下工作表将帮助你识别让孩子感觉平静的气味类型。

1. 你发现什么类型的气味能让孩子感到愉快或产生积极的反应？
   _____

2. 从以下气味中选出孩子喜欢的：
   _____ 食物味道（什么样的？ _____）
   _____ 天然气味（什么样的？ _____）
   _____ 薰衣草
   _____ 玫瑰
   _____ 松
   _____ 柑橘
   _____ 精油（什么样的？ _____）
   _____ 其他味道（什么样的？ _____）

3. 你发现什么类型的气味会让孩子厌恶或产生负面反应？
   _____

4. 你在什么情况下观察到孩子对某种气味产生了负面反应？
   _____

Copyright © 2019 Mona Delahooke. *Beyond Behaviors*. All rights reserved.

> **工作表**
>
> # 运动偏好
>
> 现在我们来看看运动的情况。不同形式的运动对于孩子掌控自己的情绪和体验至关重要。
>
> 1. 孩子喜欢什么类型的运动？
>   _____爬行
>   _____步行
>   _____跑步
>   _____跳跃
>   _____摆动
>   _____跳舞
>   _____摇晃或被摇晃
>   _____跳绳
>   _____坐着
>   _____躺着
>   _____拍手
>   _____轻敲
>   _____拍打
>   _____其他
>
> 2. 运动时，孩子更喜欢怎样的速度和节奏？
>   速度：_____快_____中等_____慢
>   _____快速和慢速之间波动
>   韵律：
>   _____可预测的节奏
>   _____稳定不变的节奏
>   _____难以预测的节奏

Copyright © 2019 Mona Delahooke. *Beyond Behaviors*. All rights reserved.

注意事项

以下是关于使用感官系统的重要注意事项。我在第 4 章重点讨论了如何制订感觉平静策略,在第 3 章中讲述了记忆是如何被编码为带有情感标签的感官体验的。[4] 气味、触摸、声音或景象这样的感官体验可能会引发孩子的痛苦,正如它们可以带来安全感和平静一样。无论何时,一旦发现孩子对你设计的感官体验产生厌恶的反应,就需停下来并充分运用人与人之间的情感沟通来安慰孩子。经历过毒性压力或创伤的儿童的神经系统是脆弱的,第 8 章将解释其复杂性。如果发现某些感官体验对孩子(或你自己)有负面影响,与专业的支持者合作能帮助你进一步探索并找到另外的支持路径。

孩子期待或喜欢什么样的活动是一种线索,帮助我们找到让孩子身体平静和放松的感官体验类型,让他们拥有更好的情绪调节能力,从而保持在绿色通路上。强调一下,这些策略要在积极参与的互动环境中应用,而不是孩子单独练习。首先需要成人与孩子进行情绪共同调节,然后孩子的情绪自我调节才能得以发展。在这个过程中,我们要明白无论孩子处于交感神经兴奋的红色通路还是退缩状态的蓝色通路上,方法都是一样的——即人与人之间的连接。

> 首先需要成人与孩子进行情绪共同调节,然后孩子的情绪自我调节才能得以发展。

此外,我们应该记住,感官偏好是动态和不断变换的。仅仅因为孩子在某一刻喜欢特定的感官体验并不代表他永远如此。在建议或提供感官偏好方案之前,应通过询问或观察来评估孩子目前的情况,以确保该方案是当下的合适之选。为此,我不建议使用"感官食谱"(例如,在一天中的某个特定时间或针对某种行为做出回应时,为孩子设计相同的感官体验),因为这样就忽视了我们人类的感官和情绪的动态化特征和不断变化的本质。相反,在帮助孩子的过程中，我们应根据他们的情况，实时考虑或应用不同类型的感官输入。

一种新的"被动通路干预"

最近，波格斯博士介绍了一种"被动通路"的干预措施，即安全和声音治疗方案（the Safe and Sound Protocol，SSP），旨在对行为状态和社会参与相关的神经通路进行调节。[5] 对自闭症谱系的儿童和青少年使用该方案的早期研究已证实，它能对自主调节和听觉处理等功能有所改善。[6] 我已经对少数儿童采用了这个干预措施，如同我的许多职业治疗师同仁一样，获得了类似的好疗效。这个听觉干预的新领域充满前景，我期待跟随它的研究步伐，为孩子营造安全放松的环境。

> 人的感官偏差和阈值总是在变化。让我们在片刻间感到舒缓的体验，一个小时后或改天可能就会令人不快。始终与孩子相伴，并且密切观察他们，就能发现什么样的体验让他们处于平静和积极的状态。帮助孩子发展平静的感官策略，有助于他们一生的身心健康。

身体的升级和降级策略：发现对每个孩子行之有效的方法

正如第 2 章所述，当一个孩子处于红色通路时，他的听力水平随着身体准备战斗或逃跑而下降。摩根就是一个例子，他在接受治疗之前，经常发脾气，而且（通常是在公开场合）立刻爆发，父母对此束手无策。你可以使用本章中的感官偏好作为切入点，探索和尝试一些帮助孩子缓和情绪的策略。如果孩子处于红色通路，通常的策略是减少对孩子的感官输入刺激。

从降低音量和语速开始

一般来说,如果孩子陷入困境,那么降低音量和语速不失为一个好办法。例如,如果你在与孩子的交谈中感到沟通不畅,请降低音量并尝试换一下语气,或者停止对话。你可以通过拥抱或其他肢体语言让孩子感觉身体舒适。如果孩子用肢体语言表达对身体接触的欲望,你的动作要轻柔缓慢。如果孩子将你推开,也请尊重孩子的选择。每个孩子在各种情况下的表现都不同。在身体升级状态结束后(甚或在其他日子),问问孩子当他们在挣扎时,采取哪种类型的安慰方式是最有帮助的。

与在蓝色通路上的孩子建立连接

如果孩子处于与人断开连接的蓝色通路上,我们也要从降低和减缓开始,但在这种情况下,目标不是帮助平息孩子的神经系统,而是让孩子重新回归人际交往和社会参与。请记住,蓝色通路上的孩子很脆弱且处于高风险状态,所以我们必须用爱心和关怀走近他们,而不是对其要求或控制。

针对红色通路上行为亢奋儿童的降级策略

- 使用尊重和共情的策略来保护孩子和周围环境的安全。
- 传递安全信号并进行自我调节,明白这只是一个暂时的状态。
- 不要对孩子喋喋不休,记住他/她可能根本听不到你在说什么。
- 如果孩子将你推开,要尊重他/她的这种沟通方式,用你的情绪表达和肢体语言让孩子感到舒适。
- 如果孩子需要独立的空间,请予以尊重并缓慢地离开。
- 保持低速和缓慢,将身体俯到孩子的高度或坐在地板上,根据孩子的肢体语言来提高你的音量、语速和身体动作的速度、节奏。
- 稍后问问孩子,当他/她处于挣扎状态时,什么对其帮助最大。

尽管摩根的爆发式行为曾一度因睡眠改善而显著下降，他仍然会高度控制他人和周围的环境，常常与人产生分歧并刻板地固守自己的方式。这些都在意料之中，这是因为摩根的情绪和生理调节过程（决定我们如何对周围的世界做出反应和行动的身体状态）开始得如此艰难，也正因如此，他很难和同龄人打成一片。摩根的社会性和情绪发展之屋一直没有得到良好的构建，这并不奇怪，因为多年以来，这个房屋所需要的根基：稳定的睡眠、情绪调节和社交都受到了困扰。我向摩根的父母保证，孩子拥有如此良好的环境和父母的关爱，一旦他在这些基础水平上投入更多的练习，不断激发自上而下的能力，他将取得快速的发展。

自下而上策略是自上而下策略的基础

虽然我们发现了摩根的核心问题，但他缺乏对身体感受的觉察，也不知道如何摆脱困境，这对于那些长期以来无法应对身体困难（原因各异）的儿童来说很常见，他们的行为和社会化情绪方面也同时出现了问题。

这就解释了为什么摩根稳定的睡眠模式并没有立即解决他所有的问题行为。他最严重的爆发性行为在睡眠状况好转后明显减少，但还有其他一些刻板的行为需要调整，如半夜醒来后他习惯去父母的房间里晃悠。

帮助儿童加强身心连接的活动

我们知道，那些难以管理自己情绪和行为的孩子，很可能在早期社会化和情绪发展之屋的构建过程中存在一些差距或障碍。诸如正念冥想、瑜伽、团体运动和武术等疗愈活动，可以帮助孩子进行修复，特别是当他们在活动中的体验很愉快时（当然前提是安全），效果更好。此类活动有助于提高注意力和规划能力、建立规则感，这些往往是困难儿童早期调节中的难点。[7]

我最喜欢的治疗活动之一是帮助孩子学会欣赏自己不可思议的身体和心灵。当孩子熟悉和欣赏自己的神经系统，就打开了一个自我关怀的新世界。在我这里，有许多因为问题行为而长期被负面评价的孩子惊喜地发现，人的身体和行为具备本有的智慧，我们如果密切关注身体，就能发现它对我们传递的信息。

转向自上而下的方法

一旦摩根的睡眠问题得到解决，我们就进入治疗方案的重点，即通过提高自我意识来建立自上而下的思维。我们的目标：帮助他运用意识来平静身体；用文字来描述感受和想法；并最终形成他自己应对问题的解决方案。当摩根在更稳定（而不是睡眠剥夺）的身心状态下，有能力在社交活动中控制自己的肌肉力量时，我们准备加入更多自上而下的"思考"策略。

儿童的正念练习

我教孩子一些简单的正念和呼吸技巧，多年来效果一直很好。我不是正念专家，但亲身体验过它的神奇，几年前，强大的正念力量帮助我从意外的医疗事故中恢复过来。突发的健康问题迫使我放慢速度，我发现正念练习是如此愉悦，生活也因此带来了改变。平静呼吸的好处真是妙不可言，我们将自己的身心安放在当下，而不急于去做什么改变。

我开始通过两种策略教孩子和父母用心灵来平息身体。首先，练习将注意力转向身体和心灵。需要有意识地安定下来，让孩子觉察从身体感官发出的信号。其次，帮助孩子制订自己的个性化策略，以满足他们的身体需要。

我们的身心中对于感觉和情感进行觉察的"肌肉"需要锻炼。我通常首先向孩子解释它的重要性。我有时会带一小群孩子做一个简短的练习，这种方法也适用于单个孩子的辅导。尽量记住动作的要点并陪孩子一起做。这样他们既可听你的指挥，也能感受到你的陪伴和参与。当我们通过肢体语言、充满韵律的声音和情绪积极的音调来传递参与和安全的信号时，这些策略是最有效的。

> **讲义**

调整我们的心灵和身体

准备：
布置一个安静而整洁的房间，让孩子能躺在地板上。尽量准备一些方便躺卧的毯子和枕头，铺在身下或盖在身上，让孩子自己选择。

成人叙事：
现在开始练习倾听自己的身体。让我们先安定下来，坐在垫子或地板上，或仰面躺在地板上，或靠在垫子上。如果你愿意，可以闭上眼睛，睁开也没关系。随意调整，让自己处于最舒服的状态。

闭上眼睛，美美地深吸一口气，慢慢吐出来。再来一次更深更美妙的呼吸。现在，安静地面对自己，专注于你此刻的任何感受。也许是大脚趾的痒，也许是地板的凉，或者是划过脑海中的念头或感觉，试着去注意它。我们对身体或心灵的感受没有对错之分，所以我们无须改变它。现在，让我们保持安静，倾听来自身体的声音。保持两分钟，直到我按铃或告诉你们坐起来时再缓缓地坐起，谈一下刚才的感受。

两分钟后按铃或温柔地将孩子唤醒。

现在动动手指和脚趾，然后坐起来。

Copyright © 2019 Mona Delahooke. *Beyond Behaviors*. All rights reserved.

练习结束后，等孩子坐起来，你可以问问他们的体验如何，我们希望帮助儿童更大范围地关注自己的体验，包括感觉、情绪或想法。记住你得到的反馈无所谓正确或错误，孩子反映的任何事物（即使它偏离了主题）都是可以的。例如，如果孩子说傻话，可能是他对静坐感到不适的信号，所以我们可以温柔地传递一种理念：有时我们的思想和身体会抗拒让自己平静，但我们还是应该尽量让自己静下来。这项练习的一个要点是让孩子建立一个对自己的感觉、念头和情绪的觉知能力逐渐提高的模型。

提高一个人对身心信号的觉知能力听起来很容易。而事实上，对于儿童（包括成人）来说，慢下来并改变我们固有的模式并非易事。有时，这甚至会让人感到焦虑或不堪重负，所以请密切关注孩子的状况，告诉他们如果感觉不舒服，可以随时睁开眼睛坐起来。

不过在通常情况下，一旦孩子接受这个理念，就会感受到身心调整的力量，因为它能让孩子变得积极主动。在帮助孩子培养对感受的觉知之后，就可以进一步帮他们发展基于他们想法的自上而下的策略，当然，我们需要重视一个沟通策略，即当孩子需要建立连接和安全感时，我们（家长、教师、治疗师）有能力帮助他们，或只需简单地陪伴。

除了直接的帮助之外，我们还可以帮助孩子通过自上而下的策略来抚慰和平静自己的身体，下一章将重点讨论自上而下的策略。通过使用一些工作表，我们帮助摩根解决了遗留的睡眠问题：当他在半夜醒来时，如果不爬起来四处晃悠并找到爸妈，就无法再入眠。他解释说，晚上独自走下大厅令人害怕，他真的很想留在自己的床上。通过向他询问那些有助于让他的身体平静下来的事项，我们帮助摩根解决了这个问题。

我们可以通过本章前面介绍的感官工作表来了解孩子在什么状态下感觉平静。当孩子处在绿色通路和"自上而下"的思维模式中，我们可以帮助他找到抚慰自己的方法。

> **工作表**
>
> # 听觉偏好
>
> 询问孩子并记录他/她的回答。
>
> **声音**：你喜欢什么样的声音？_____
>
> **如果孩子没有指出特定的声音，你可以提示：**
> 音乐？_____ 哪一种？_____
>
> **大自然的声音？** _____
>
> **人声？** _____
>
> **还有什么其他声音可以让你感到平静或快乐？** _____

> **工作表**

视觉偏好

询问孩子并记录他/她的回答。

你喜欢看什么样的东西?
___

你最喜欢在卧室里看到的东西是什么?
___

在家里?
___

在学校里?
___

在大自然里?
___

> **工作表**

触觉偏好

询问孩子并记录他/她的回答。

你最喜欢什么样的触碰？ 举个例子：拥抱、握手、按摩、拍打、挤压等。

请列出来：
_____

你喜欢在睡觉时盖厚毯子吗？
_____是_____否

你喜欢一床轻薄的被单或根本不需要任何盖的东西？
_____是_____否

你喜欢抓住什么来让自己感到平静吗？ 如果孩子不回答，可以给出一些提示。
_____

最喜欢的毯子或者柔软的物品？
_____

最喜欢的毛绒动物？
_____

最喜欢的玩具？
_____

其他：
_____

Copyright © 2019 Mona Delahooke. *Beyond Behaviors*. All rights reserved.

工作表

嗅觉偏好

询问孩子并记录他/她的回答。

你最喜欢闻的气味是什么?
_____

食物的气味_____ 是什么样的?_____

大自然的气味_____ 是什么样的?_____

户外的气味_____ 是什么样的?_____

其他气味_____ 是什么样的?_____

Copyright © 2019 Mona Delahooke. *Beyond Behaviors*. All rights reserved.

> **工作表**

运动偏好

询问孩子并记录他/她的回答。

你喜欢怎样的运动？

_____步行
_____跑步
_____跳跃
_____摇晃或被摇晃
_____摆动
_____跳舞
_____跳绳
_____坐着
_____躺着
_____拍手
_____轻敲
_____拍打
_____其他

Copyright © 2019 Mona Delahooke. *Beyond Behaviors*. All rights reserved.

向孩子询问他们的感官偏好有双重好处。首先，它是提高孩子对身体意识的另一种方法；第二，它让孩子有机会创造自己的解决方案，从而加强自上而下的思维能力。

摩根的情况就是如此。当我们讨论如何帮助他重新入睡而无须走到父母的房间，摩根想到了两个方法：抱起他的泰迪熊，看看房间里装饰着漂亮贝壳的夜灯。**当我们让摩根将他的身体意识与思想联系起来，他开始变得更自信，更有能力尝试新事物，并用自上而下的思维创造解决方案。**

摩根还受益于意象导引，这是一种通过不同场景的意象帮助孩子放松身心的干预方法。他最喜欢的两种技巧是正念呼吸和向自己及他人传达美好祝福。

正念呼吸

正如第 4 章所述，我们可以使用呼吸来让自己平静并与孩子进行共同调节，也可以教孩子呼吸，甚至学龄前儿童也可以尝试享受简单的呼吸练习。我有时会建议孩子在他们的脑海里想象闻一朵美丽的花，然后想象花瓣或蒲公英的叶子，随着呼气缓缓地吹开蒲公英的种子。"社区中的芝麻街（The Sesame Street）"网站提供了有用的辅助工具，包括带有花朵呼吸练习的可打印的表格，以及伯爵和饼干怪物"在蛋糕上吹灭蜡烛"的呼吸练习的短片。[8]

传达美好祝福

苏珊·凯瑟·格陵兰（Susan Kaiser Greenland）的经典著作《正念的孩子》(*The Mindful Child*)，提供引导语和概述帮助孩子增强正念。[9]书中包含她与一位儿童早教大师盖伊·麦克唐纳（Gay McDonald）开发的练习，名为"传达美好祝福"。在本练习中，孩子可以学会对别人和自己怀有善念。从画面引导开始，帮助孩子自身体而上（放松身体和呼吸）和自上而下（对画面进行思考）。

"让孩子向自己传达美好的祝福，想象自己很开心，很有乐趣，很健康，与家人和朋友们相处很有安全感。"[10] 接下来，让孩子向房间里乃至全世界的人传达美好祝福，演练以"美好祝福圈"结束；孩子默默地对自己说："我可以快乐，我可以健康强壮，我可以感觉舒适和安全，我与家人、朋友、宠物以及我所爱的人和谐相处。"[11]

近年来涌现了许多针对儿童的正念训练计划，包括为美国纽约市地区数千名儿童提供服务的学校瑜伽项目，美国各地也有越来越多训练有素的教师和在校工作人员。[12] 有关正念训练计划和资源的清单，请参阅本书的"资源"部分。

结论：自身体而上和自上而下的方法的成功融合

通过自身体而上的方法，以及与父母的沟通后摩根为自己选择的自上而下的策略，我们帮助他管理了自己的问题行为。然后摩根第一次在他最好的朋友家里安然过夜，他为这个成功感到自豪。随着时间的推移，孩子获得了自信，享受了一段积极成功的小学生涯。

在本章中，基于睡眠周期的自身体而上的策略，以及鼓励孩子自己寻找解决方案的自上而下的策略，我们在这两者间搭建了一座桥梁。下一章将更详细地介绍如何利用游戏和自上而下的思考来帮助孩子找到情绪和行为问题的解决方案。

要点

- 当孩子的发育水平（非生理年龄）主要处于自下而上的程度，或此刻处于应激反应状态（在红色或蓝色通路上），我们从自身体而上的策略入手。
- 自身体而上的策略包括识别儿童的个人差异，如感官偏好，以找到缓解压力和被威胁的神经感知的方法。
- 最重要的工具是人与人之间的连接。
- 正念练习是连接自身体而上和自上向下策略的桥梁。

第6章
应对挑战：
从自身体而上到自上而下

> "创造性思维激发灵感，创意激发变革。"
>
> ——芭芭拉（Barbara Januszkiewicz）

7岁的达雷尔在学校里很难控制自己的情绪，特别是在休息时。有一次他玩躲避球时被球击中，有一个同学大喊道："你出局了！"达雷尔立刻用拳头打该同学的肩膀，几个小时后才让自己平静下来。达雷尔具有良好的家庭教养，当然知道殴打同伴是错误的。因此，在爆发行为过后，他感到困惑和尴尬。

像达雷尔这样的孩子，他们表现出问题行为往往不是故意的，我们怎样才能帮助他们呢？本章的重点就是在情绪共同调节和孩子对情绪和行为的自我调节能力之间建立一座桥梁。每个孩子都有一个独特的冰山模型，所以我们需要耐心地识别每个孩子的情况，发现新的优势。

识别原因和解决问题的 4 个步骤

我在与达雷尔、他的父母和学校的合作中，获得了宝贵的经验，从而更好地理解了达雷尔的行为。上一章我们通过 4 个步骤找到了帮助摩根的方案，现在我还是沿用这个方法来识别原因和解决问题，这几个步骤用首字母缩略词 IDEA 来表示：

- 询问孩子的个人史并追踪行为，发现其模式。
- 确定哪些情况会导致孩子的痛苦。
- 探查调查结果揭示了哪些触发因素和潜在原因。
- 通过互动和靶向治疗方案，解决导致问题行为的发展性挑战。

第 5 章讨论了第一步，即理解孩子个人史的重要性。本章将重点介绍第二、第三和第四步，学习如何深入研究行为问题的根本原因，并以此为基点帮助儿童使用自上而下的策略。我将介绍如何帮助孩子加固自己的情绪之屋并提供给他们用来自我调节的工具。

询问孩子的个人史和识别周围的环境

我总是在孩子不在场时先和父母见面，为什么呢？因为如果我们在孩子面前谈论他的问题，常常会增加他们可能体验过的自责和羞耻感。我经常询问孩子最初几年的依恋史，关注儿童早期的关系安全性。

达雷尔的母亲说，她的孕期反应并不明显，与一些朋友的经历相比，孩子的出生也很顺利。幸运的是在孩子幼年时期父母的工作时间很灵活，其中一人只做兼职工作，所以达雷尔得到父母更多的照顾（偶尔才会由兼职保姆看护），直到他 3 岁时开始上幼儿园。

通过日志追踪来发现其行为模式

达雷尔的父母和教师填写行为追踪表的两周之后，我与他们会面，分析这些记录的内容。我们注意到一种模式：达雷尔的大部分问题行为都发生在自由活动的时间段里——在操场、郊游或家庭聚会中。这些场景有一些共同特点：以孩子为主，缺乏成人的参与和监督。

达雷尔的父母回忆说，在他进幼儿园的第一年，一个年龄较大的孩子曾经欺负过他。几个月后当达雷尔的脸被划了一道很深的口子，他告诉教师另一个孩子伤害过他时，成人才发现了这件事。经过调查，教师了解到这个孩子经常在远离成人监督的树屋自由游戏中攻击达雷尔和其他孩子。

最后，那个打人的孩子离开了学校，达雷尔的父母和教师以为他会好好成长，不再被困扰。但他们没有意识到那些事件对他的威胁检测系统造成了多么深刻的影响，这种交往中的创伤深深地留在了潜意识层面。

孩子与他人互动的历史会影响他日后人际交往的模式，并为我们解构问题行为提供了重要线索。基于这些新发现，关于达雷尔在操场上的脆弱感和一触即发的表现，我们现在有了一个假设：这是隐含在他潜意识中的在另一所学校被欺凌的记忆。

虽然幼年欺凌事件与最近发生的事件相隔多年，它可能仍对达雷尔的情绪和行为产生影响。当我们将那些让他产生问题行为的事件拼凑在一起，整个团队，包括他的父母和教师现在认为他的战斗或逃跑行为可能是一种保护性反应，源于幼儿园欺凌事件在潜意识中的痕迹。

这解释了为什么他对于孩子间相处的稀松平常的小事，反应如此强烈和出人意料。因为事情发生在很久以前，达雷尔从未向他人谈及，他的意识中也淡忘了这些记忆。随着时间的推移，在某些情况下，他的神经系统建立了一种防御机制，从而攻击他人。因为错误的神经感知，虽然同伴的举动无意伤害他，他却常常视之为危险信号。

人类是复杂的生命体；我们对压力事件的触发和反应同样复杂且原因各

异。同样的事情，一个孩子可能会感到有压力而另一个孩子却没事。负面经历，特别是长期的，可能会影响孩子大脑的发育以及孩子对世界的认知。[1] 人的个体差异与成长经历共同决定了他们对外界的反应，所以我们必须密切关注每个孩子的反应。

当孩子表现出攻击性时，特别是问题行为在看似没有征兆的情况下发生了，我们经常误以为孩子是故意的，他们不守规矩或想要引起注意。和许多弱势儿童一样，达雷尔只是被外界因素触发时，无法自上而下地控制自己的行为。有时他也想为自己的行为找出一些理由，好向大家解释，但他其实并不明白到底是什么引发了他对同伴的问题行为。

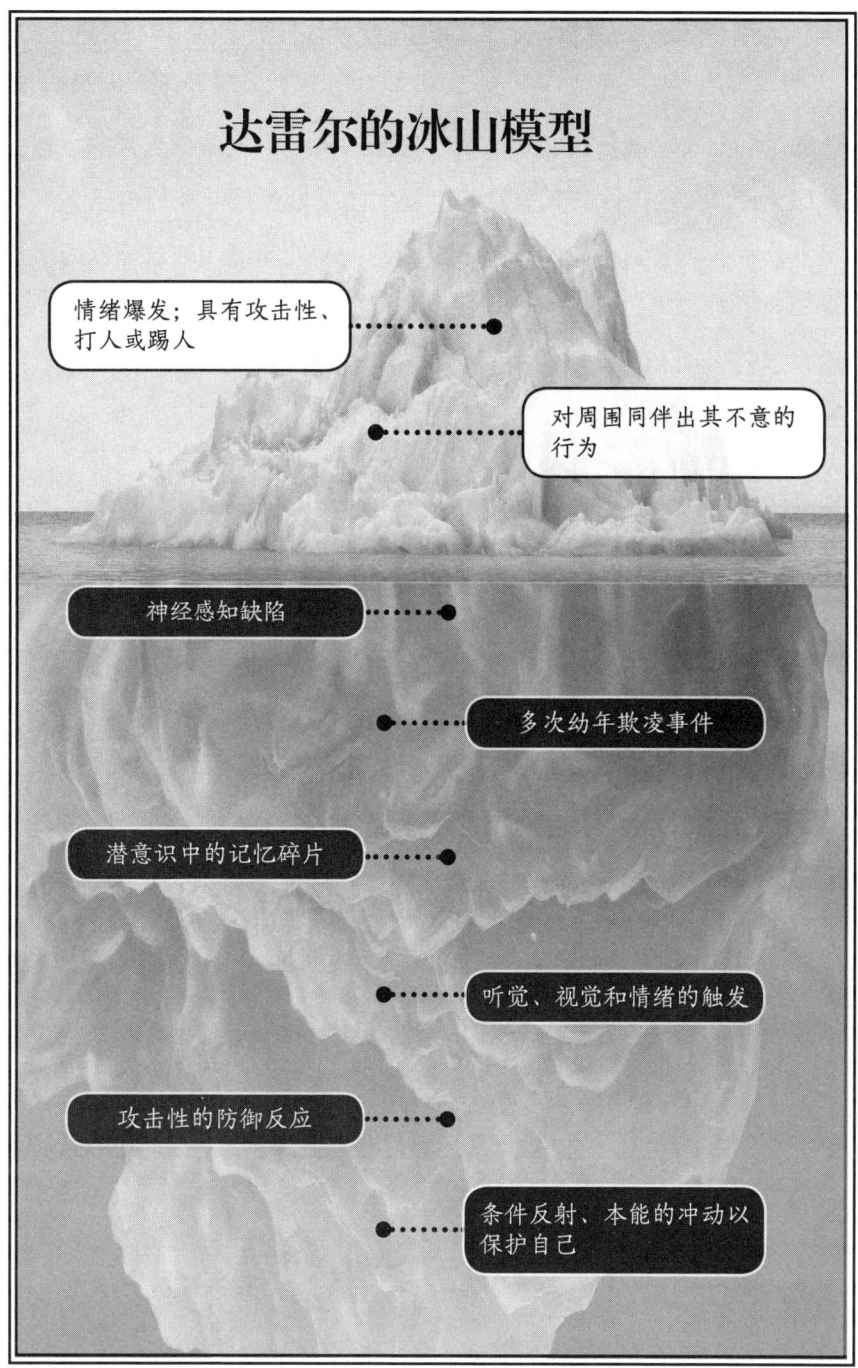

探查调查结果揭示了哪些触发因素和潜在原因

达雷尔的父母和教师改变了认知，开始理解他的攻击行为并非故意，而是因校园人际和/或身体的某些特征引发的防御性反应。在他自己毫无觉察的情况下，某些声音、感觉和场景触发了他在幼儿园经历的被欺凌的潜意识记忆，导致了看似突如其来的战斗或逃跑反应。

达雷尔的早期经历发展为一种自动防御行为，如对同伴的攻击和打斗。随着时间的推移，他的威胁检测系统已经变得失常，从而引发强烈的反应。早期经历导致他对某些事件的反应阈值很低，所以他经常对于类似上述玩躲避球时发生意外的日常同伴关系事件反应过度。

这种新的见解让他的父母在惊讶之余内心宽慰了很多，这是一种解读孩子突发的问题行为的不同方式。基于这种新的假设，达雷尔的教师也对孩子给予更多共情，并想办法帮助他获得安全感。校方聘请了一名温柔、体贴的课堂助理，密切关注达雷尔和同伴的动向。她的平静陪伴增加了达雷尔在人际关系中的安全感。她发现，如果其他孩子快速向达雷尔冲过来或让人猝不及防，他经常会表现出防御反应。这些观察有助于验证我们的假设。

> 尽可能多地发现孩子过去在人际关系中的经历非常重要。通常，潜意识记忆可以无形中降低孩子对某些经历忍耐度的阈值。问题行为往往是通过记忆、想法、感觉、景象、气味或声音引发的防御反应。而孩子自己和周围的成人却浑然不觉。

通过互动和靶向治疗方案解决发展性挑战

与此同时，我评估了达雷尔的社会性和情绪发展水平。不出所料，他的社会性情绪发展水平与同龄人的差距，进一步解释了他的爆发性行为。当我告诉他的父母这些问题时，他们起初感到很困惑，因为达雷尔很聪明，学业上很优秀，怎么会在社会性和情绪发展方面如此不成熟？不过后来他们还是正视了现实，达雷尔在行为爆发之前很难谈论他的感受、分析他的行为或寻求帮助。与他讨论发生的事件，他经常表现得傻傻的，转移话题或者在成人知道实情时仍以"他先打我"为名捏造事实。

这是因为——达雷尔的社会化和情绪发展之屋的上层尚不牢固，包括阶段四（社会性问题的解决）、阶段五（符号认知能力发展）和阶段六（建立桥梁），这些阶段的发展能让孩子拥有洞察力，能识别动机和感受，并在自己和他人的想法之间架起桥梁。为了解决这方面的缺失，我与他的父母、授课教师和课堂助理一起，通过设计个性化、支持性的互动等方法来提高他的社会化和情绪发展水平。

搭建从共同调节到成功自我调节的桥梁

我们设计了一个程序，教会达雷尔识别自己何时被触发并找到控制应激反应的新方法，以此帮助他建立自上而下的思维。**在关系安全的引导下，达雷尔的治疗团队通力协作来帮助他做到以下几点：（1）察觉自己被触发或开始感到不安的时刻；（2）做一些让自己感觉更好的事情，包括在必要时向成人发出求助信号；（3）学会谈论自己的感受和想法**。这三种策略旨在减少他自动的攻击性（防御性）反应。

我们应该始终在孩子的发展过程中寻找最早出现问题的端倪，并以此为契机着手工作。提升自上而下能力的最有效方法是加强孩子的人际关系安全感，因为孩子在成人的稳定和谐的情绪陪伴下可以学会管理自己的情绪。这就是为什么学校安排一个值得信赖的助理在课堂上帮助教师，并与达雷尔共同调节情绪，以期减少他的爆发性行为。学校的管理人员需要迅速采取行动，以减少达雷尔在红色通路上停留的时间，因为他推搡了别的孩子后，那些学生的父母表达了对自己孩子的安全的担忧。

人际关系策略

当课堂助理观察到达雷尔从绿色通路中退出时,她的身体靠近他,展示出令人愉悦的面部表情和身体姿势,自然的温暖关怀,富有韵律的声音,以及放松而充满自信的情绪表现。有时,当她看到达雷尔从绿色通路转向红色通路时,她就把他带到外面一起玩一会儿。通常,这足以帮助达雷尔转向更强大的绿色通路,尔后她逐渐弱化自己的存在,但仍然静静地参与课堂活动。**在很短的时间内,课堂助理和教师充分利用了关系的力量对达雷尔进行疗愈和支持,教室和操场都充满了和谐安宁的氛围。**

自从学校新聘请了这位善解人意的课堂助理后,达雷尔的问题行为每周都在减少。在儿童发展方面富于经验的心理治疗师的指导下,课堂助理充分认识到,通过密切的监视和警告来防范孩子的攻击行为,与在情感上与孩子共同调节以使他感到安全而减少攻击行为,这二者之间有很大的差别。我每周与课堂助理、授课教师和孩子的父母进行短暂的电话沟通,共同记录和讨论使用这种方法的策略和原则。

达雷尔与成人的互动指南

1. 课堂助理和授课教师密切注意达雷尔是否将在绿色通路上发生转换。
2. 当达雷尔的行为表明他正从绿色通路转向红色通路,细心的成人就要增加对孩子的关注,多接近孩子。
3. 当成人接近达雷尔时,通过面部表情、身体姿势、温暖而舒缓的声音、自信放松的情感表现,让孩子感觉到安全。

> 注意：根据多层迷走神经理论的观点，某些感官体验，如声音韵律可以令人平静。记住，最终我们可以通过孩子的个人感官处理偏好预测他们如何回应我们的互动。

观察和解决儿童发展问题

接下来的几个月中，课堂助理和教师继续观察到了达雷尔的稳步发展。同时，我安排整个团队，包括他的父母、教师和帮助者一起观察达雷尔在自由活动时间的表现，并在放学后讨论达雷尔的成长方案。我们都注意到达雷尔在与同伴的互动方面仍然表现得不够成熟。当一群小伙伴想要换别的游戏时，他常常会感到困难；当在自由游戏的环境中需要与同伴协商时，他就无法有效地解决问题，经常放弃目标并四处闲逛，以找个合适的活动自己玩。我解释说这在情理之中，达雷尔早年因为欺凌事件缺少与同伴互动方面的必要的练习，使得他过度警觉并且反应过度。

我们决定下一步采取以家庭关系为基础的游戏治疗，更深入地解决达雷尔的社会化和情绪发展问题。**因为帮助孩子提升社会化和情绪发展水平的最直接和有效的方式来自儿童的基本语言——游戏。**

神经练习：治疗行为和情绪失调

波格斯博士将游戏描述为"神经练习"。它是我们工具箱中支持有问题行为的儿童的必备工具。[2] 这是一种神经运动，通过在安全状态下的人际互动来调节情绪的张力。这种游戏要求必须是互动的，不能单独玩耍（比如单独玩视频游戏）。游戏中，儿童可以实时采用自下而上和自上而下的方式。这是我们能够为孩子提供的最有疗效的方式之一。

> 孩子的游戏是为适应社会的复杂性而做的准备练习。

最近的一项研究调查了一个学龄前儿童与教师共同参与的一对一游戏，游戏是一种干预手段，希望借此确定与儿童之间较为敏感的互动是否会导致他们的压力反应系统发生变化（通过下丘脑－垂体－肾上腺轴激活交感神经系统）。[3] 研究发现干预组儿童与对照组儿童相比，唾液皮质醇水平（一项压力的生理指标）显著下降。这项试点研究被认为是第一个通过生物标记对学龄前儿童进行游戏干预的健康益处进行记录的研究，突出了良好的校园人际带来的积极影响。

塞雷娜·维尔德博士是世界著名的象征性游戏的权威人士，我从她那里了解到了游戏的优点和复杂性。维尔德博士具有几十年的实践经验，她早期与格林斯潘博士共同研究制订了第 2 章所述的社会性和情绪发展框架。维尔德博士强调了游戏的丰富性以及它如何揭示儿童的情感生活，包括积极情感、渴望、希望被爱和关心，以及嫉妒、报复、恐惧和攻击的负面情绪。[4] 儿童游戏是为适应社会的复杂性而做的准备。

孩子被游戏所吸引，这使得他们即便要容忍各种不良的感受和身体状态，也能够与他人建立联系。因为从多层迷走神经理论的角度来看，游戏能有效地锻炼和利用社会参与系统来下调本能的战斗或逃跑反应。[5] 通过游戏，孩子在绿色通路中活动，红色通路却近在咫尺，因为他们是在安全的状态下经历一系列的感受和刺激，所以游戏可以帮助孩子自然地管理他们的"大"情绪，如恐惧和担忧。

简单的躲猫猫游戏，就对婴儿有很大的吸引力。当成人突然消失然后再次出现时，孩子体会到了快乐。这种早期的游戏可以让孩子先经历一点恐惧，然后在成人神奇地在他们面前重新出现时克服这个障碍。

再看看令人兴奋和愉快的捉迷藏游戏。当孩子很快找到了隐藏的地方，经历可控的压力（交感神经激活）时，神经运动便开始了。如果他们处于绿色通路中，启用"自上而下"的控制，就可以抑制自己的咯咯笑声和摆动，以便不被发现。不过，他们常常会忍不住发出声响或其他信号让其他玩伴找到自己。孩子正在发展抑制自己冲动的能力，捉迷藏游戏是一个很好的试金石，用于评估孩子抑制冲动并有意识地控制行为的能力发展水平。

游戏让孩子体验消极和积极的情绪状态，他们通过一种安全和社会可接受的方式，分别体会进取、竞争或成长的感觉，为应对复杂的现实生活做好准备。[6] 游戏还通过象征性的方式来帮助孩子驯服攻击性冲动，这是一种可以实时进行的，独特有效的思维训练方法。[7]

> 在这个充斥着学术、经济、社会和政治等压力的时代，所有儿童（和成人）需要更多的时间游戏。

达雷尔很难独自与其他孩子一起玩耍，因为在关键的幼儿园时期，他的红色通路经常被触发。由于喜怒无常，他的同伴经常避开他或尽量让他明白，如果想和大家一起玩该如何管理好自己的行为。他经常被触发战斗或逃跑反应，而不会采取更有效和适当的行为，这便形成了一个恶性循环。因此，在 7 岁时达雷尔的游戏互动能力仍然很弱也就不足为奇了。压力会伤害孩子与生俱来的好奇心和敢于尝试的勇气，妨碍他们在游戏中建立社交关系。我鼓励达雷尔的父母每天与他进行游戏互动，以帮助他提高这些技能。

游戏如何支持社会性和情绪发展

让我们从儿童发展的角度来看看为什么互动游戏如此重要，因为它有助于填补社会性和情绪发展的空白。当孩子的交感神经的兴奋可控，并且能在安全状态下进行社会参与，游戏有助于发展情绪的弹性和稳健性[8]，具有疗愈的作用。正如前两章所讨论的那样，具有慢性行为问题的儿童往往更脆弱，我们的目标之一是增加他们对不舒服的感觉、情绪或想法的耐受性。[9]

游戏充满童年的美好和自然的语言，它能增强儿童的压力耐受力。它如此有趣诱人，可以帮助孩子在每天面临的挑战中培养一种掌控感，同时探索他们自己和世界。

游戏可以通过同时锻炼情绪共同调节和符号认知能力的"肌肉"，帮助孩子通过社交来管理一系列积极和消极的情绪。对于所有在成长中经常感到威胁和难以应对变化的孩子来说，游戏是一个有用的工具。

从儿童发展的角度来看，与父母和照料者共同玩耍是一种解决发育迟缓的方法，最终儿童能力的提高才是解决问题行为的根本。基于发展的游戏有助于孩子控制他们的行为、情绪和冲动。

发展性治疗游戏的特点

- 需要细心敬业的成年照料者与儿童进行社交互动（非独立完成）。
- 儿童和成人在适度的变化（良性压力）中享受游戏的乐趣并感到安全。
- 通常由孩子而不是成人来引导。
- 游戏的特点是共同参与、互惠互利。

游戏支持自上而下的思考

对于儿童来说，游戏可以在自然状态下引出潜意识的担忧、恐惧、冲突、愿望和欢乐。这是发现孩子如何思考和处理问题最有效的方式。与孩子讨论无法得到的线索和答案，与他们一起玩或许能够有所收获。例如，在治疗之前，达雷尔的父母或教师反复询问他为什么有那样的行为时，他无法提出一个有说服力的答案，而是改变话题或编个谎言应付。但是，当我们开始与他进行治疗性游戏时便走进了他的内心，并从游戏主题中找到了答案。早在用语言描述之前，孩子就通过游戏向我们展示了他们的关注点。最终，随着时间的推移，游戏有助于儿童发展其直接用语言（或其他象征方式）表达其内在情感和动机的能力。

跟随弹跳球

以关系为基础的儿童发展游戏是以孩子为主导的，孩子通过行动、主题、情感和游戏内容，向我们展示他们正在经历什么。[10] 我们仅需通过肢体和放松的情感表达来做铺垫。当我们跟随孩子的带领，在游戏中不做评判、积极互动，就能捕捉孩子的想法。成人的角色不是引领、教导或评判，而是怀着一颗不加评判的好奇、积极和接纳之心，跟随孩子走进他们的世界。

孩子自然表现出的对肢体运动、玩具、主题、符号和想法的倾向，引导我们不断提高对他们的内在动机、情感、恐惧和担忧的理解能力。[11] 这让我们更好地帮助达雷尔缓解他早期的创伤与目前的生活压力。

接下来的几个月，在每周的会谈中，我帮助这个家庭学习如何进行游戏，我用"舞台声音"（小声反馈、建议或鼓励）鼓励父母与儿子游戏时顺其自然。

达雷尔喜欢玩他的动物雕像。在我们共同参与的康复过程中，父母与他游戏时，他假装自己是一只凶猛的狮子或老虎，积极地解决诸如在森林中迷路、伤害或被其他动物伤害等问题。通过符号（比如动物或超级英雄）来完成情感类的主题，可以帮助孩子在安全的环境中掌握自己的感受、冲动、恐惧和欲望。[12] 就像许多孩子一样，和父母一起游戏为达雷尔提供了一个完美的方式，来展示他的情感思维和解决社会问题的能力，对他的"真实"生活不无裨益。

在几个月内，达雷尔的游戏从专注于野生动物演变为"好人和坏人"的主题。他喜欢编导一个小戏剧，妈妈或爸爸扮演做错事的角色，他很乐于扮演警察、国王或统治者而立刻对他们施加处罚。他开心并不厌其烦地将"坏人"投入监狱并严惩他们的罪行。达雷尔的戏剧主题很可能是他早期在幼儿园里被其他孩子攻击的创伤的重现。

允许在游戏中表达真实的感受

有时，孩子在游戏中选择的主题，尤其是具有攻击性或消极的主题，会激发父母的本能来教导孩子什么是适当的行为。例如，在达雷尔的早期干预中，当假想中的坏人违反了法律规定，达雷尔严厉地惩罚违法者（比如殴打他们）时，他的父母做畏缩状并试图教他表现得仁慈些。我解释说这个游戏正在帮助他释放过于强烈的情绪。他表现出的强烈的情绪波动，实际上会降低对同伴采取过激行为的可能性。这有助于父母在游戏中变得更自然、更自由地让彼此的角色充分地表达情感，而不是退出这个过程，开始"教学时刻"。

继续进行神经练习

通过一些指导，达雷尔的父母很成功地进入他们的角色，与孩子的内心建立连接，享受与心爱的儿子共同游戏的快乐。他们现在明白儿子正在体验曾经让他倍感压力的无助感，这个游戏有助于缩小达雷尔在社会性和情绪发展方面的差距，帮他学会如何说出自己的想法、感受和观念，敞开心扉与他人分享。当孩子能分享体会时，他就开始寻找自己的问题解决方案。自上而下的思维的发展，调节和抑制了孩子的压力反应，从而提高了自我调节能力。

在没有达雷尔到场的汇报会上，令他的父母和我颇为震惊的是，游戏中他创造的角色，如此生动地表达了他早期的无助感和脆弱感。我猜测该游戏还帮助达雷尔调整了很久以前发生的、曾使他面临崩溃的创伤性欺凌行为的认知。

从更广的角度来定义游戏

让达雷尔受益的玩具和主题扮演,是我们通常视为传统意义上的"象征性游戏",但这只是游戏的某一个定义,有些孩子不喜欢玩玩具,而是喜欢扔球,在大自然中散步,或以手势和文字等方式沟通。从更广的角度来看,游戏就是在人际安全的条件下与其他人进行愉快、生动的来回交流的过程。

游戏的基础知识

游戏可以放松与情绪调节相关的肌肉并构建一个象征性通路来表达自己。

基于儿童发展和人际关系的儿童游戏技巧:

- 排除所有干扰
- 开心、放松、保持好奇心
- 跟随孩子的带领并关注他们的游戏需求/主题
- 不设置固定的流程
- 积极参与和互动
- 避免在游戏中解答或提出你已知答案的问题(例如,"这条蛇是什么颜色?")
- 融入角色并与自然涌现的内心小孩相连接
- 玩得开心!

请记住,自上而下的通路是动态的,并且实时变化

当我们讨论自上而下控制的好处时,需要记住调节力和注意力会实时发生变化。我们每个人在不同的时间,都会在绿色通路来回进出。单靠我们(或孩子)所拥有的自上而下的能力,并不意味着我们始终能够激活自己的

思维大脑。当我们转向红色通路时，需要有所察觉并采用自下而上的策略，如暂停、呼吸、正念活动等，以找到重返绿色通路的路径，然后再次运用我们的思维大脑。

寻求专业支持

当你打算对孩子采用治疗性游戏，特别是当你不确定游戏的方向或游戏对孩子的作用时，寻求专业的支持或咨询非常重要。有时候游戏会激活或暂时增加儿童甚至我们自己的困难情绪或行为。请记住，如果任何你与孩子共同参与的活动带来了痛苦，你可以友好地结束活动，并将其视作孩子的个性化干预方案制订的参考。如果游戏激活了孩子或你的痛苦或侵扰性的感觉或记忆，一定要向专业人士寻求支持，要知道孩子的游戏并不总是那么一帆风顺。

> 如果你是父母，重要的是要寻找这样的治疗师——相信治疗"行动"来自孩子最信任的关系，缺少照料者的陪伴，治疗师也束手无策。

提供有关游戏治疗的详细说明不在本书的范围之内，如果你是父母或儿童专业人士，我强烈建议你寻求受过训练的专业人士的帮助，因为游戏能促进神经发育，它带来的好处是如此深远，不同的游戏几乎可以融入任何儿童相关的职业或角色。本书的"资源"部分包括一系列有用的信息和有关治疗及父母共同参与游戏的资源，还包含世界各地接受过 DIR® 培训的机构和治疗师的名录，以及其他促进儿童发展的资源，如游戏疗法和发展性 / 关系疗法。这些治疗师通常采用基于发展和关系的模型，包括 DIR® 地板时光（DIR-Floortime®），[13] 儿童-父母心理治疗（Child-Parent Psychotherapy，CPP），[14] 人际神经生物学（Interpersonal Neurobiology），[15] 和神经关系框架

（Neurorelational Framework，NRF）[16]。

转到自上而下的处理模式：让儿童参与进来

随着时间的推移，达雷尔学会了如何与他人交往并克服下意识的攻击性行为。课堂上的各种支持，加上父母共同参与的稳步治疗，加强了他的社会参与系统。在游戏中，当他探索并"治愈"他的困境时，他的真实面目、恐惧和无力感在扮演野生动物和人物的角色中，通过言语表达了出来。这种游戏促使他走上绿色通路并增强了象征性表达的能力，从而减少了情绪的爆发。现在他的社会性和情绪发展之屋更坚固了，他可以通过与可信赖的成人谈论感受和想法，自上而下地推理和处理问题。

有一天，他从学校回家后与父亲分享内心的感受。"我感到很伤心，"他说，"因为我最好的朋友今天午餐时坐到一个新的小组去了。"这句话像一道光，反射出了达雷尔的惊人进步。正如西格尔博士和布赖森博士说过的，孩子终于学会运用自上而下的能力，把问题说出来并解决它。[17]现在，他不再像过去那样用推搡而是用语言表达来解决问题，他终于能够与同伴商量而不是大打出手。当需要帮助时，他会找个愿意倾听并支持他的长辈。在成人的爱心和关怀下，达雷尔从自下而上（情绪调节）发展出自上而下的能力，他学会说出自己的感受，如愤怒、嫉妒和恐惧。

为思维大脑的力量点赞

认可孩子对自己经历和感受的表达。

核实孩子所表达的内容，并制订积极的个性化解决方案。

神奇的思维大脑的力量：它可以帮助我们将负面的体验变得可控，让孩子积极参与并寻找自己的解决方案。

> **支持**：我们向孩子们保证，他们现在有能力找到眼前和未来具体问题的解决方案，强调自我意识和人际交往的力量不可思议，这样的感觉真是太好了。

帮助孩子制订自上而下的策略

我总是等孩子发育成熟了再介绍这些想法，为什么？如第 1 章所述，我们经常不遵循儿童发展阶段的特点就对问题行为进行干预。我们试图在儿童（或青少年）力所不能及的情况下就教他们，然后，当孩子做不到时我们感到分外沮丧。在要求孩子调动他们的自我调节能力之前，我们必须先通过情绪共同调节来参与孩子的活动并与他们建立关系。换句话说，在训练或教导孩子之前，先与他们和谐相处。

用大脑平息身心而获得快乐

一旦孩子具有自上而下的能力，他们就可以运用令人难以置信的思维能力来找到应对挑战的有效方法。心理健康的基石是建立在人际关系和交流上的，它能够帮助个体更好地了解自己、减少痛苦，找到更好的方法管理困难情绪。

利用自上而下思维的方法通常被称为认知或认知－行为疗法。自上而下的控制为孩子提供了无限的机会，使他们能够更好地了解自己，与自己连接并抚慰自己的负面情绪，发现自己心灵的力量。当一个儿童或青少年具有自上而下思考的能力，就能够掌握诸多有效的技巧和方法。其中协作和主动解决方案（Collaborative and Proactive Solutions，CPS）[18]和辩证行为疗法（Dialectical Behavior Therapy，DBT）已被广泛研究，同时经实践证明有助于个体改善过激的情绪和破坏性行为。

以下专栏描述了帮助儿童的三类方法,包括自下而上、自上而下和两种方法混合的策略。[19]

- **自上而下的方法**:认知疗法;认知行为疗法;协作和主动解决方案;辩证行为疗法
- **混合方法**:DIR®地板时光;神经关系框架;心理剧;艺术疗法;正念练习
- **自下而上的方法**:基于感觉运动的专业治疗;适应性体育教育(Adapted Physical Education,APE);物理疗法;瑜伽;生物反馈;运动疗法;神经音乐疗法;安全和声音治疗(Safe and Sound Protocol,SSP)

接下来将介绍一些自上而下的练习,以及如何教导孩子用他们的思维影响自己的想法、情绪和行为。

表达和呈现的方式很重要

让我们从如何与孩子谈论他们的神经系统这个最重要的指导原则开始,记住表达的方式(我们的情绪状态)与表达的内容一样重要。如果儿童没有被评判、被低估或被审视的感觉,他们就更容易参与学习。所以当你准备教学时,在门前检查一下自己,确保你在绿色通路上,如果不是,那么调整一下,放松一些,并重新安排教学课程!

正如第2章所讨论的,我使用颜色是因为它们是帮助成人理解儿童的自主通路的有效方法,这是我们的路线图。但出于我的专业经验以及来自家长、治疗师和教师的反馈,我不会用颜色教孩子进行自我调节。我了解到使用彩色图表可能会无意中传递某些信息,如某种自主状态比其他人的"更好"。例如,如果孩子有不当行为或难以安顿下来,教师可能会要求孩子在图表上"改变你的颜色"。当颜色作为行为管理策略的一部分时,孩子得到的基本信息就是,红色代表"不好",绿色代表"好"。父母经常告诉我,他们的孩子目睹了同学们不得不"改变他们的颜色"后,他们开始害怕自己也不得不如此。

自主状态没有好坏之分。因此,虽然我发现颜色是指导成人与儿童互动的有效方法,但我避免使用颜色教孩子自我调节。我以一种基于儿童发展和个性化的方式解决这个问题,让孩子用他们自己的话来描述自己的自主神经通路。

我们首先帮助孩子从健康的角度了解和认同自主神经系统,以及它如何保护我们。然后我们教他们认识自己的哪一条通路已被激活,以回应他们的大脑和身体正在体验的事情。

以下方案是我使用的示例,我建议你根据孩子的发展水平和反应状况来定制方案。这项活动针对的是小学生,但我也对年龄较大的孩子使用。它是一对一教学中最简单的体验,还可以与成人协作者一起为小组学习或课堂教学而量身定制。

教孩子认识和定义他们的自主状态

叙述

培训师注意事项:以积极/中性的语调讲解每条通路的特点。

我们的身体与大脑相连,这有助于我们思考和解决问题,弄清楚自己的感受。有时候我们会对身体有所感觉,比如肚子疼或者心跳加快,有时我们会感知到脑海中的念头、思想或记忆等。我们所有人都会在某些时刻感到平静和快乐,而在某些时刻感到害怕、悲伤或不舒服。这在意料之中,是我们生活的一部分。我们的感受是身体用来保护并帮助我们保持健康和安全的方式。今天,我们将用自己独特的词汇来描述内心的感受和身体的感觉。这很有趣，我们可以用自己独特的词汇来弄清楚当我们希望感觉更好时该怎么做。

平静、舒适和安全

让我们思考一下身体和心灵可以感受到的三种不同方式。有时我们会感到平静，也会感到快乐、舒适和安全。当我们有这样的感受时，常常想和他人一起游戏和玩耍。你（或"你们中的哪个人"）能够举一个你曾经拥有这样感受的例子吗？当时你在做什么？当你的身心感到平静、舒适和安全时，你能用一个词来描述它吗？

给孩子们充足的时间，然后让每个人分享他们的特殊用语。在练习的最后，让孩子在工作表上写下这个词和/或画一幅画。

强烈的感觉、需要离开

现在让我们谈谈人类感受的另一种状况。有时我们感觉摇摆不定、害怕、生气，或者想要快速离开。当我们经历这种感受时，可能会做出意想不到的事情，事后感觉很糟糕，比如说或做某些令人惊讶的事，你（或"你们中的哪个人"）能够举一个曾经拥有这样感受的例子吗？当你感到摇摆不定、愤怒或想要离开某事或某人时，你能想到一个描述自己身心的词吗？

给孩子们充足的时间，然后让每个人分享他们的特殊用语。在练习的最后，让孩子在工作表上写下这个词和/或画一幅画。

悲伤、孤独、迟钝

人类的感受还有另一种方式。有时候我们会感到悲伤、孤独或者迟钝。这时候我们懒得动，没兴趣与朋友和家人一起做事，哪怕有乐趣的事也觉得索然无味。有时我们甚至觉得自己的身体"冻住了",无法动弹。你(或"你们中的哪个人")能够举一个曾经拥有这样感受的例子吗?当你感到缓慢、低落、不想玩或在别人身边时,你能想到一个描述自己身心的词吗?

给孩子们充足的时间,然后让每个人分享他们的特殊用语。在练习的最后,让孩子在工作表上写下这个词和/或画一幅画。

> **工作表**

身体与心灵

姓名：_____

当我平静、舒适，并且身心感到安全时，用自己的话描述一下：_____
这是我的画。

```
┌─────────────────────────────────────────┐
│                                         │
│                                         │
│                                         │
└─────────────────────────────────────────┘
```

当我情绪激烈、害怕或生气、需要离开时，用自己的话描述一下：____
这是我的画。

```
┌─────────────────────────────────────────┐
│                                         │
│                                         │
│                                         │
└─────────────────────────────────────────┘
```

当我感到悲伤、孤独或迟钝时，用自己的话描述一下：_____
这是我的画。

```
┌─────────────────────────────────────────┐
│                                         │
│                                         │
│                                         │
└─────────────────────────────────────────┘
```

Copyright © 2019 Mona Delahooke. *Beyond Behaviors*. All rights reserved.

我们想通过这个练习传达一个信息，作为繁忙世界芸芸众生中的一员，我们都难免会在不同的情绪通路上来回切换，这就是生活。我们希望孩子明白，管理自己的情绪和身体感受是人自然的需要。关键是，帮助孩子识别并意识到他们的感受和情绪，以便他们在遇到困难时能够自我平静或寻求帮助。

我发现孩子在这个练习中找到了乐趣并且很放松，成人往往只期待安抚或消除孩子的负面行为，而不是深入探究或帮助孩子认识到，察觉自己情绪的变化才能更好地管理行为。所以，我们需要记住使所有自主神经通路尽可能保持中性。

在教孩子了解这些情绪通路时，我们尽量提供两方面的指导。首先，帮助他们增强对生理状态的自我觉察，当他们对身心连接的意识提高时，进行赞美和鼓励。比如："哇，你好棒，能发觉来自身体的信号！"当然，我们应该根据每个孩子的特点采用不同的话语。其次，我们还要在儿童游离于平静通路之外时，根据他们提供的信息，帮助他们识别自己需要的东西。接下来我们就来讨论这个话题。

帮助孩子找到自己的解决方案

一旦孩子认识到自己的自主状态，下一步就是基于孩子的生活经历，帮助他们制订自己的个性化解决方案。请记住，最重要的是孩子对事件的看法，所以我们需要调查孩子的经历和想法。这就是为什么在采取个性化的调整方式的同时，我们要让孩子学会了解自己对生活事件的反应。以下两个模板有助于评估孩子的压力反应模式，以及他们进行主动思考的方式。请记住，阶段计划是通过共同调节来制订的，所以谈话应该建立在协作、积极、充满希望的气氛 / 基调上进行。

我们用达雷尔的工作表作为示例。达雷尔在"身体与心灵"工作表上先定义并确定了自己的不同生理状态。他在家长的陪伴下写下答案，完成了这张表，对某些问题他需要父母的帮助才能够给出答案。

接下来，达雷尔填写了"关注自己的感受"工作表。使用这个模板让孩子识别导致他身心出现这三种不同感受的处境、人物、地点及事物等。

最后，达雷尔填写了"发展我的策略"工作表。使用这个模板，孩子可以通过对每个事件单独的反应来制订重返平静、舒适和安全通路的策略或解决方案。

> **工作表样例**

身体与心灵
（雷达尔）

当我的身心感到平静、舒适和安全时，我的表达语是：快乐的露营者。
这是我的画：

当我情绪激烈（害怕、生气、需要离开）时，我的表达语是：爆炸。
这是我的画：

当我感到悲伤、孤独或迟钝时，我的表达语是：乌龟。
这是我的画：

Copyright © 2019 Mona Delahooke. Beyond Behaviors. All rights reserved.

工作表样例

关注自己的感受
（达雷尔）

什么事情让我觉得自己像个快乐的露营者：
度周末
与爷爷一起雕南瓜
与奶奶一起烤饼干
吃冰激凌

什么事情让我感觉身体要爆炸了：
学校课间休息时有太多孩子在玩爬梯
当妈妈和爸爸离开我，只留下我和保姆在一起时
当我喉咙痛或肚子疼时

什么事情让我感觉身体变得像乌龟：
我的仓鼠死了
我的朋友贾马尔摔断了腿
呕吐
朋友们辱骂我
老师让我出去罚站

Copyright © 2019 Mona Delahooke. *Beyond Behaviors*. All rights reserved.

工作表样例

发展我的策略
（达雷尔）

当我快要爆炸时，怎么才能帮助自己变回快乐的露营者：
吹掉花朵上的花瓣（他最喜欢的呼吸运动）
等到玩爬梯的只有两三个人时
跟妈妈爸爸商量，与奶奶而不是与保姆待在一起
告诉长辈我的感受如何
躺下
请妈妈给我读一个故事

当我变成一只乌龟时，怎样才能帮助自己变回快乐的露营者：
画一张我的仓鼠哈姆雷特的画像
想想我的仓鼠或爸爸妈妈
去看看我的朋友贾马尔，给他带一个汉堡包
当我想要呕吐时，请妈妈坐在我旁边
当朋友们辱骂我时，找人倾诉
让妈妈和老师谈谈，不要再让我到外面罚站

Copyright © 2019 Mona Delahooke. *Beyond Behaviors*. All rights reserved.

> **工作表**

关注自己的感受

姓名＿＿＿＿＿＿＿＿＿

让我感觉＿＿＿＿＿＿＿＿＿＿＿＿＿＿＿＿＿＿＿＿＿＿＿＿＿＿＿＿＿＿
＿＿＿＿＿＿＿＿＿＿＿＿＿＿＿＿＿＿＿＿＿＿＿＿＿＿＿＿＿＿＿＿＿＿＿
＿＿＿＿＿＿＿＿＿＿＿＿＿＿＿＿＿＿＿＿＿＿＿＿＿＿＿＿＿＿＿＿＿＿＿
＿＿＿＿＿＿＿＿＿＿＿＿＿＿＿＿＿＿＿＿＿＿＿＿＿＿＿＿＿的事情。

可以让我的身体进入＿＿＿＿＿＿＿＿＿＿（孩子在"身体与心灵"工作表中对于激烈情绪的表达语）**的事情：**
＿＿＿＿＿＿＿＿＿＿＿＿＿＿＿＿＿＿＿＿＿＿＿＿＿＿＿＿＿＿＿＿＿＿＿
＿＿＿＿＿＿＿＿＿＿＿＿＿＿＿＿＿＿＿＿＿＿＿＿＿＿＿＿＿＿＿＿＿＿＿
＿＿＿＿＿＿＿＿＿＿＿＿＿＿＿＿＿＿＿＿＿＿＿＿＿＿＿＿＿＿＿＿＿＿＿

可以让我的身体进入＿＿＿＿＿＿＿＿＿＿（孩子在"身体与心灵"工作表中对于悲伤、孤独或迟钝的表达语）**的事情：**
＿＿＿＿＿＿＿＿＿＿＿＿＿＿＿＿＿＿＿＿＿＿＿＿＿＿＿＿＿＿＿＿＿＿＿
＿＿＿＿＿＿＿＿＿＿＿＿＿＿＿＿＿＿＿＿＿＿＿＿＿＿＿＿＿＿＿＿＿＿＿
＿＿＿＿＿＿＿＿＿＿＿＿＿＿＿＿＿＿＿＿＿＿＿＿＿＿＿＿＿＿＿＿＿＿＿

Copyright © 2019 Mona Delahooke. *Beyond Behaviors*. All rights reserved.

工作表

发展我的策略

姓名_____

当我_____（对于激烈情绪的表达语）**时，怎样才能帮助自己回到**_____（对于平静、舒适和安全的表达语）？

_____
_____
_____
_____
_____
_____

当我_____（对于悲伤、孤独或迟钝的表达语）**时，怎样才能帮助自己回到**_____（对于平静、舒适和安全的表达语）？

_____
_____
_____
_____
_____
_____

Copyright © 2019 Mona Delahooke. *Beyond Behaviors*. All rights reserved.

工作表

达雷尔和妈妈的情景室

发生了什么	我的感觉	我可以做什么
同伴们在躲避球比赛中取笑我	尴尬	我保持冷静，对自己说"感到尴尬很正常"，和朋友或爸妈谈谈这件事
邻居不让我共享他的平板电脑	抓狂	在妈妈的手机上设置一个5分钟的提醒，这样我们就可以共享平板电脑了

情景室或"做什么"图表

发生了什么	我的感觉	我可以做什么

Copyright © 2019 Mona Delahooke. *Beyond Behaviors*. All rights reserved.

这就是帮助达雷尔创建自己的自我调节解决方案的方法，我们的对话帮助他找到了自己的自上而下的平静策略来应对那些烦恼。由于这些增强身体和大脑连接的解决方案是他自己设计而非由成人制订的，因此对于他非常有意义，效果也很显著。

寻找建立自上而下思维的机会

通常，最有创意的解决方案和策略来自儿童自己。在散步或谈话时，我们可以询问孩子如何看待来自成人的帮助。可以问一些预备性的问题，例如"当你感到不安时，我能做些什么来帮助你感觉好一些？"培养孩子主动解决问题并提前计划的能力。

回顾和预测

父母和治疗师可以与孩子共同绘制一个"做什么"的图表，让孩子设想某些情境，然后根据这种情况设计应对方案。这是"发展我的策略"工作表的延伸用法。通过这种简单的自上而下的练习，回顾曾经出现的困境并预测其产生的不同后果。它有助于发展自我调节策略，让孩子熟练地掌握如何让自己平静下来的能力。这个图表还有助于规划和排序，对于提高执行力非常重要。

达雷尔很喜欢一个特别的活动，并将其命名为"达雷尔和妈妈的情景室"（这个名字来自他在电视节目上看到的白宫的情景室）。在活动中，达雷尔和妈妈在图表第一栏写下一个情景，在第二栏记下他的感受，然后在第三栏提醒他如何保持冷静。我们用达雷尔绘制的一张图表为例，附上一个可以个性化设计的空白模板。

通过互动和对话鼓励自上而下的处理方式

我们可以营造一种探索和不予评判的氛围来鼓励自上而下的思考。如果你是父母，请尽量抽出时间与孩子待在一起，不要被电子设备、互联网、电视和其他的事分心打扰，专注地与孩子沟通。

我们可以通过自我反思来模拟自上而下的思维。例如，如果你和孩子共同度过了一段艰难时光，你可以回想当初的情形和感受，然后停下来，看看孩子是否顺着你的想法分享他的感受。

例如，在某天的讨论中，达雷尔的妈妈说："我很抱歉那天对你大吼大叫。当找不到我们家的狗时我很着急，然后就发了脾气。"达雷尔因此谈起妈妈发脾气时他的感受，同时他也很害怕心爱的狗是否已经被飞驰的汽车碾压在车轮下。（幸运的是，狗被邻居发现了，安全回到家里。）

将目标从儿童转移到人际关系

对于那些在潜意识中影响了达雷尔情绪和行为的伤口，在疗愈中最重要的是什么呢？他的治疗团队没有遵循惯例，把孩子的行为干预设定为目标。而是转变思路，优先考虑如何建立支持性关系和促进个性化发展。事实证明，这正是达雷尔所需要的：引发他的问题行为的社会性和情绪发展方面的障碍，通过关系的强大治愈力，得到了改善。一旦他的自主调节更稳定，就能以更开放的心态渴望学习自上而下的策略，用自己的思维来平静身体。他的自下而上和自上而下的能力得益于生命中许多成人的支持：他的父母、教师、治疗师、大家庭和社区。大家都爱他、乐于帮助他。

破除污名化，促进心理健康卫生

遗憾的是，我们的文化对于心理健康问题仍然存在一定歧视。在有关儿童心理健康的互动和会议上，作为一名专业人士，我目睹了儿童的心理问题被区别于学业和医疗问题来对待。实际上，情感的需要与其他需要别无二致，却通常很难被人理解，因为这涉及人的精神领域，看起来有些神秘和不可捉摸。

我们更多地谈论身体健康而不是心理健康，而且谈论这二者的语气也不同。当我们作为成人更多地以一种轻松的方式来谈论自己的情感和念头时，比如脆弱、恐惧和羞耻，让孩子知道情绪（和行为）的波动是人类与生俱来的一部分，孩子会因此而受益。我强烈推荐布雷恩·布朗（Brené Brown）的作品，她的程序、书籍和工作致力于帮助人们接纳自己的脆弱，而不是将其隐藏起来。[20]

自上而下思维的奇迹

随着时间的推移，达雷尔的思维大脑得到了开发，他能够理解身体为何常常莫名其妙地进入红色通路中。不可思议的事情发生了：他将正在经历的神经感受转化为自我感知。[21] 换句话说，他正在培养自我意识。有一天，在学校度过艰难的一天后的讨论会上，达雷尔说："今天，'快乐的露营者'和'爆炸'，这两者一直在斗争。"爸爸问："谁赢了？"达雷尔用竖起大拇指这个简单的手势回答了，他脸上的笑容和爸爸的反应验证了——运用大脑管理和平静身体的高效和奇迹。[22]

要点

用 IDEA 帮助儿童应对问题行为包括以下几点。

1. **询问**孩子的个人史并追踪行为，发现其模式。
2. **确定**哪些情况会导致孩子的痛苦。
3. **探查**调查结果揭示了哪些触发因素和潜在原因。
4. 通过互动和靶向治疗方案，**解决**导致问题行为的发展性挑战。
   - 游戏有助于缩小儿童社会性和情绪发展方面的差距，帮助他们学习如何谈论思想、情感和想法，打开心扉，与他人分享经历。
- 当孩子处于自上而下的模式时，我们可以有效地向他们介绍相关的策略，告诉他们运用思维进行自我调节、提前计划和问题解决的力量和奇迹。

第三部分
神经多样性、创伤与展望未来

第 7 章
自闭症和神经发育多样性儿童的行为表现：谨慎对待

> "改变你看待事物的方式，事物亦随之而变。"
>
> ——韦恩·戴尔（Wayne Dyer）博士

诺顿今年 8 岁了，他 4 岁时被诊断为"高功能"自闭症。随后，父母立刻为他寻求治疗，包括言语治疗、职业疗法和社交技能小组辅导，他对于这些干预的配合度很高。我打电话给他的儿科医生，说明自己是他的心理发展指导专家，她形容诺顿是一个"古怪又熠熠生辉"的孩子。我们都认可他是一个快乐、充满好奇、学业优秀的小男生。

诺顿的父母将他送到当地一所私立学校，凭着出色的视觉和听觉记忆，他成绩优异，但学校却难以容忍他的怪异行为。比如他有一个坏毛病：经常打响指，声音大得引人注目，当他看着手指打时，响指的声音能轻一些。父母没在意过这件事，但是当他进入二年级后，教师觉得这样的行为会扰乱课堂秩序，要求校方对他进行行为干预。

教师提出要求后不久，诺顿的父母和我见面讨论了各种支持方案，这是一个两难的选择：我们应该依照常理将行为改变作为目标，还是先探索行为本身对于诺顿有何意义？

当我们认为一个神经发育障碍的孩子出现了非常规行为时，需要思考一个重要的问题：在我们了解这个行为对孩子的功能性意义之前，是否应该对其进行干预？还是反过来，改变我们的观念和期待，重新审视这个行为对孩子的作用？

这些年来，我越来越致力于如何理解、诠释和管理自闭症儿童的这些问题行为。我最关注的是那些具有交往障碍的儿童和青少年，这些孩子通常被称为用"非言语"进行沟通的人群，"非言语"这个词我发现既不准确又不敏感。我称这些孩子为"非谈话者"，或称为"用打字沟通的人"。这种定义认为这些孩子的问题并非是语言/思考层面的。成人往往用"自上而下"的刻板方式来改变表面的行为。在本书中我用了整整一章来探索不同的方法。

如前一章所述，我的博士后研究是跟多学科背景的团队合作的，经验表明，尊重孩子的个体差异非常重要[1]，对于自闭症群体的支持尤为如此，因为每个人情况迥异，没有两个人是一样的。团队由言语治疗师、职业治疗师、视觉治疗师、物理治疗师、儿科医生、儿童神经学家等多学科专家组成，其中对不同脑区有研究的专家提供了很多丰富和有价值的信息，作为团队的一员，我了解孩子的大脑/身体对信息的处理如何影响儿童发展、行为和心理健康，我开始用赞赏的眼光看待孩子独特的大脑/身体联系的适应性。这种认同使我对他们的行为感到好奇，而不是想当然地视其为"失调"。

为了更好地理解自闭症儿童的行为，研究人员已经研究了许多关键领域，包括感觉过度反应、胃肠道问题、睡眠障碍和焦虑等。[2] 许多自闭症谱系中的孩子在上述一个或多个领域中都存在问题。感觉过度反应（sensory over-responsivity，SOR）是对感觉刺激的极端反应。[3] 自闭症的感觉过度反应的发病率是如此之高，所以它被纳入DSM-5的自闭症诊断的标准中（连同感觉反应不足或低反应性）。研究人员估计，至少有56%～70%的儿童

被诊断有感觉过度反应的问题。⁴

> 了解孩子的感官反应能力和其他个体差异如何影响孩子的行为表现，是非常重要的。基于这种深刻的理解，才能判断如何更好地支持每个孩子。

即便在 20 年前，我也没有为患者的父母敲警钟，没有催促他们马上行动去改变自闭症孩子的"异常"行为。相反，我主张应首先尊重和理解这些行为。有时我也会怀疑自己的直觉，如果我错了怎么办？儿童早期发展是一个巨大的机会之窗，每时每刻都很重要。

> 我们往往在还没有意识到孩子所承受的压力时，就匆匆地着手治疗。

幸运的是，在那个时期（20 世纪 90 年代），神经科学原理在临床实践中的应用领域涌现了大量的成果和资料。2000 年，一个颇具开创性的报告《从神经元到社区》（*From Neurons to Neighborhoods*）中收集了大量关于儿童的大脑及其社会性发展的研究，对那些基于强化的干预方式我一直心存疑虑，而报告所提供的数据正好支持了我的观点。⁵ 在与家庭和幼儿打交道的工作中，需秉持一个核心理念，**那就是该报告的编委会所说的："自我调节的提升是儿童早期发展的基石，涵盖了行为的方方面面。"**⁶ 我看到的许多治疗方案只是针对行为的改变，而没有考虑对儿童情绪调节的影响。但我认为，情绪调节是关键，我鼓励父母将这个信息反馈给为他们孩子治疗的团队。

20 年后的今天，专家开始认同，通过关系支持情绪调节应该成为我们临床实践的指导，⁷ 这种支持不仅限于自闭症领域。自闭症专家和作家特蕾莎·哈姆林（Teresa Hamlin）认为在自闭症的治疗方法中经常忽略焦虑和压力的影响。[8] 我们往往在还没意识到孩子所承受的压力时，就匆匆地着手治疗。她写道："今天大多数治疗方法专注于增强孩子的社会化、改善沟通和在校行为。却往往忽视了一个理念，那就是如果不解决压力问题，这些目标就无法实现。"[9]

我所采用的基于儿童发展和关系的方法，还得到了之前服务过的很多来访者的证明，再次见面时那些儿童已经成长为青年人，我们彼此相见甚欢。很多人都乐于分享在针对他们的治疗方案中，有哪些是他们喜欢的，哪些是不喜欢的。他们的人生故事令人深思，与我在会议或书籍和博客中所听到的年轻人的观点很容易产生共鸣。

我习惯向前病人和他们的父母询问那些我们相处的记忆。年轻人经常告诉我："我在这里一直都玩得很开心。"他们的父母对我说："你鼓励我们相信自己孩子的能力。"让我们来看看被诊断为自闭症谱系障碍的儿童的行为问题的一些议题。

当我们对孩子的问题进行干预时，只试图改变其表面行为却不考虑行为对孩子的适应性益处，也不考虑这是否会影响孩子自我意识的发展和对他人的信任，会带来怎样的问题？

本章将探讨这些问题的答案，并论述对孩子的行为给予支持而非进行评判的好处。最终，我们将发现这些行为在孩子的身心体验中所代表的意义。

对个体差异带有欣赏而非评判的眼光

实际上，我们从孩子出生的那一天起，就开始仔细观察他们的行为。"她真是个好宝贝！"在众人眼中，一个容易照顾的新生儿不会太哭闹、晚上睡得安稳，而且情绪是可预测的，也很容易解读。无论照料者、教师还是其他支持者，都更倾向于喜欢那些容易理解并让我们感觉更轻松的行为，我们怀有这样一种文化（可理解的）偏见却浑然不觉。当孩子上学后，我们对那些听话、遵循指令、能坐得住、考试分数高的孩子给予赞美和好的成绩。

特别是在教育领域，我们经常以积极的肯定来奖励这些"好"行为，而没有意识到对于那些天生就不属于"乖宝宝"的孩子，我们所传递的信息（例如，安坐不动比坐立不安好，安静比吵闹好）虽然可能更好地满足群体教育的目的，却忽略了理解和欣赏（而非评判）儿童的行为所表现出的个体差异。

孩子的行为差异往往是外界信息被身体/大脑的信息高速公路处理后的一种适应性调整，而专业人士却常常将这些差异视作自闭症症状的一部分。所有的行为都涉及运动和感觉，自闭症研究员安妮·唐纳伦（Anne Donnelan）使用"感觉和运动差异"来描述自闭症人群行为的个体差异。[10]

许多孩子在特定的场合不守规矩，做出越界的行为，往往会打扰其他孩子，教师需要管理课堂上的行为，这无可非议，但往往忽略了以欣赏的眼光看待这些针对环境的"调整和适应性"行为。[11]

判断力的重要性

当我们坚持让孩子去做他们不情愿或者没有准备好的事时，我们常用消极的方式影响他们的自我认知，并给他们施加额外的压力。自闭症作家伊多·基达（Ido Kedar）通过打字的方式来沟通，他写道："我的身体本身就是一个挑战。"[12] 他还说"专家"不懂该如何帮助他。"也许他们认为我太笨拙了，或者他们根本无法看到我学到的东西，因为我的学习方法与他们不同。"[13]

> 我们应该学会欣赏，孩子的身体和大脑是如何通过行为来应对周围环境并体验世界的。

这并不意味着我们应该对问题行为采取放任自流的态度。相反，我们需要密切关注并留意不同的个体差异，而不是先假定孩子的行为是病态的或失调的，或是存心找碴儿。在评估儿童能力的时候，我们假设他们的行为是对来自身体信号的必要的调整反应。我们应该学会欣赏，孩子的身体和大脑是如何通过行为来应对周围环境并体验世界的。一旦我们认可行为的自适应功能，然后就可以决定是否干预，以及如何通过干预来增加孩子的自主性和选择的独立性。

当然，如果孩子的行为对家庭生活造成破坏或严重地扰乱学校秩序，在尊重的基础上进行一些调整还是有必要的。当问题出现并引起关注时，父母应该寻求多学科团队的支持，共同努力。而且，在第 8 章中，我们还需要注意儿童的行为是否是毒性压力模式或创伤体验的一种信号，在这种情况下的行为表明儿童有直接和强烈的需求，想得到安全和积极关系的支持。

在尝试消除问题行为之前，为什么我们要努力理解它们呢？身体有自己的智慧，我们应该帮助孩子了解它。成人常常对问题行为有一触即发的反应，出于本能，我们总想教孩子按照自己的第一反应行事，一个好父母或好教师在课堂上维持秩序时常常如此。不过我认为，打破对神经多样性儿童行为差异的惯性思维并重新思考是非常重要的。通常，一旦孩子被诊断为自闭症谱系障碍，就会接受各种强化训练，比如对行为的诱导、强化（和非强化）等。如果我们打破陈规，开始教孩子关注来自自己身体的信号，就可以让孩子根据自己的个性化差异创造性地设计自己的解决方案。

以诺顿为例，他总是忍不住打响指，多年来采取各种方法都无法克服这个毛病。有一次教师尝试采用行为图表来激励他，当他克制自己不打响指时就能得到贴纸。但诺顿实在无法凑齐足够的贴纸来赢得一周的奖金，他变得苦恼、紧张和过度警惕，教师只好停止使用这种方式。

同时，诺顿的父母在我的办公室共同参与的游戏治疗活动中，诺顿喜欢扮演各种让他在日常生活中感到压力的场景。这种以他为主的活动为他跟父母和我的沟通搭建了一个自然而愉悦的通道。在一次活动中，他让我扮演学校里的行为治疗师的角色，他则选择自己玩。得知他的行为治疗师正在努力让诺顿减少打响指的行为，我以行为治疗师的身份借机进行了调查："告诉我，当我让你别总是这么打响指时，你会觉得烦吗？"

"是的！"诺顿马上回答："打响指是因为我感到焦虑。"听闻此言，诺顿的父母和我停下来，为这个特殊的时刻而感动。在这个安全的环境中，诺顿与最信任的人在游戏互动中能够用一句话来形容自己的感觉。这个时刻是一个重要的发展里程碑。诺顿开启了一个窗口，让我们了解他如何体验这个世界，他告诉我们当成人试图改变他应对焦虑的行为时他的真实感受。

当我们要求孩子的手或身体"安静"下来或遵守行为规范时，我经常质疑，这种指令对于孩子的身体适应性行为是否正确？当他们遵循身体的指示来行动时，而我们却要求他们停止。此刻，他们的神经系统发生了什么反应（积极还是消极）？

幸运的是，那天的会议我录制了视频（我经常这么做，为了可以在家长情况汇报会上重播）。看着录像带上诺顿对他的行为的简单而深刻的解释，我们都再次被击中了。我在做社会性和情绪发展及自闭症治疗/支持的培训时，经常使用那个视频剪辑（已得到友善的诺顿父母的许可）。

很多人更愿意教导自闭症儿童，而不是向他们学习。例如，由专业人士教授情感语言就是一种常见的策略和善意的努力，即在翻阅卡片或书的过程中，呈现不同的面部表情来影响孩子的意识。但正如上一章中讲到的，当我们耐心地在游戏中帮助孩子发现来自身体的感受、情感和念头时，可以更自如地实现这一目标。这通常被称为体验的呈现。[14] **从自己的身体感知悲伤或生气的感觉，而不是通过识别图片或绘图来练习或锻炼，这是一种非常不同的体验。**

在诺顿的突破性会谈之后，我们召开了一次包含他的教师和专家的团队会议，讨论针对他的行为的各种方法。一些团队成员希望鼓励诺顿将打响指换为另一个不太引人注意的行为。不过我认为，既然诺顿已经解释了打响指有助于减轻他的焦虑，对于他身体的本能反应和发展中的自我认同感，希望大家首先注意不要无意中向孩子传递负面的信息。

在会议上，该团队决定重新看待诺顿打响指的行为，因为这是让他熟悉和感到舒缓的一种方式，应该予以尊重。教师决定不用贴纸来矫正这些行为，而是在他打响指时向他提问，并给予慈爱和肯定的评价，增强孩子的自信。他们在治疗中利用自我的力量，也就是说让自己先进入绿色通路来传递温暖和接纳，向孩子询问："现在你的身体是否告诉了你的感受或你需要什么？"或者"我现在可以做些什么来帮助你吗？"

当然，团队本可以迅速采取行动，帮助诺顿寻找其他不那么强烈的方式来减轻焦虑，帮助孩子找到替代行为原则上是没问题的。但是，对孩子的行为表达积极的信息则更有益处。我们要向神经多样性儿童传递充满宽容和希望的信息，鼓励自我接纳。其实，对教室里的每个孩子都应该如此。

> 在这种情况下，尊重运动的多样性，不要轻易否定行为。

虽然诺顿没有努力克制打响指的行为，但成人并没有表示沮丧，而是赋予了更多的同情和宽容，这样的信息有助于构建更强大的绿色通路。在团队商议采用替换行为（原定下一周会议的主题）之前，诺顿的打响指行为，在未经任何干预的情况下，减少了约三分之一。我猜测，在鼓励他更多地用语言分享焦虑之后，他的压力负荷减少了。

得到理解后，诺顿的进步很大。教师不再被他的行为所困扰并允许他打响指，努力帮助他用其他方式让身体平静下来。与此同时，参加我们团队会议的职业治疗师鼓励诺顿更多地探索让自己舒缓的感官策略，柔和地代替过去的行为。最终诺顿选择了搓手，他说焦虑时，搓手能让他感到平静。**这种协作式解决方案之所以能获得成功，是因为诺顿感到被重视、被理解和安全**。现在，当他感到焦虑时，他还有一个更强大的资源可以利用，那就是寻求身边成人的支持。

诺顿能够用一句话来表达感受，这是数年来通过播撒能力的种子，通过游戏的、安全的和共同参与的关系滋养和培育出来的。[15] 我在第 2 章中解释了社会性和情绪发展始于与可信赖的成人的情绪共同调节，它能够发展交互式沟通、社会问题解决及协同综合能力，让孩子用语言表达感受，并最终能与他人分享信息。**多年来，诺顿从成千上万次的互动中，培养出了与他人自主协作和沟通的连接意识。**

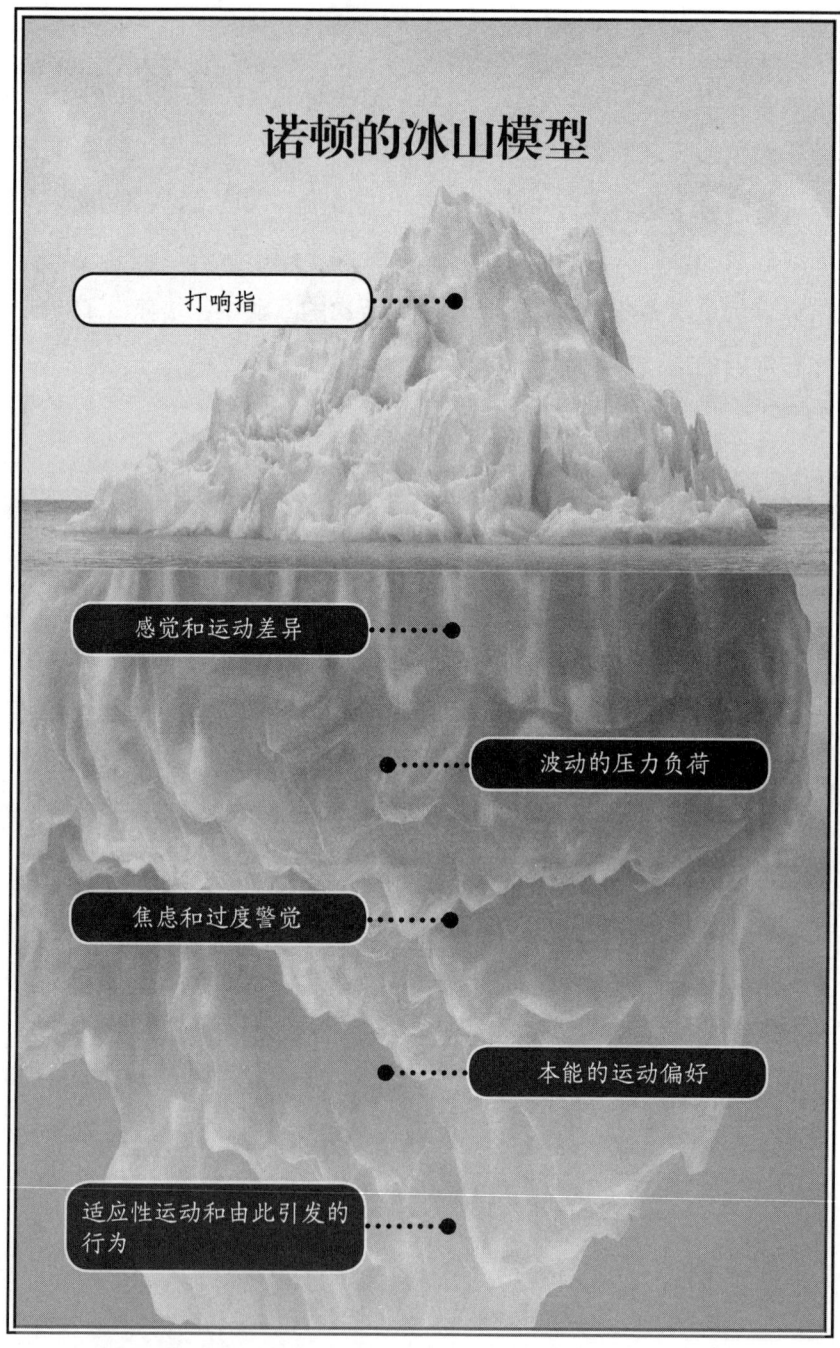

Copyright © 2019 Mona Delahooke. *Beyond Behaviors*. All rights reserved.

判断力

在这种新范式中,我们对于那些问题行为,能意识到这是孩子的自适应本能,学会欣赏它而不是用神经发育障碍和神经症的标准来加以评判。这种方法让我们尊重孩子大脑／身体联系的智慧。当我们转换视角,从系统性发育和适应性本能的角度来观察行为时,我们应欣赏它们的价值而不是武断地加以贬低。**用波格斯博士的话来说:"多数情况下,对于神经基质不同而导致的个体差异,人们并未调查和理解,就向这些孩子表达对其行为的否定,哪怕这些行为是无意识的。其实恰恰相反,在教育中,我们对于个体独有的一些敏感特质应该予以褒奖。"**[16]

这种新观点有助于我们更深入地理解和欣赏大脑／身体的联系,而这是今天主流的自闭症治疗领域所缺失的部分。

盖内尔:采用错误的方法只能让情况更糟

盖内尔 2 岁时被诊断出有语言表达和接受延缓,3 岁时被诊断为自闭症。她缺乏社交技能,大多时候喜欢独自玩耍或跟成人而非同龄人一起玩。她经常因为自己的行为而惹麻烦,上课时,她喜欢反复哼唱一些歌曲片段,或摸同学的脑袋和胳膊。在一年级的课堂上,这是个严重的问题,因为它干扰了其他学生。

学校的治疗团队设计了一个行为计划来帮助盖内尔,让她转向积极的行为。教师和课堂助理,对于那些大家所期望的行为进行了赞美和强化,如安静地学习而不是唱歌。这种策略只产生了少许的可测量的结果,因此一个月后,他们加强了该计划。团队决定,如果盖内尔出现被设定为干预目标的行为时,应该让她停下来。如果她不听指令,在第三次要求后,课堂助理会带她沿着大厅走到冷静室，这是从一个小的储藏室里腾出的一个小空间，让那些在课堂上不听话的孩子到这里来反省。团队希望盖内尔能够明白，课堂上随便摸别人和唱歌是要受到惩罚的。

第一次教师示意课堂助理把她带到冷静室，盖内尔感到很困惑。她似乎不明白为什么被带到这个小房间里，但她也接受了助理冰冷的语调，两人默默地走进房间。她平时习惯了成人用友好的语气和她说话，从助理的沉默和紧拉她的手中，她感到了不安。助理打开门让盖内尔进去，然后走进屋子，砰的一声锁上了门。助理平静地告诉她，他们会在那里待3分钟，接着坐在椅子上一言不发。

当盖内尔回到教室时，她安静些了，也没有摸其他人。教师认为这项技术有效，而实际上，盖内尔的神经系统已从绿色通路转移到了蓝色通路。坐在一个小房间里，加上缺乏成人安全的陪伴，严重影响了孩子的自主神经系统，让她陷入内在的困境。她不仅无法进入平静的学习状态，而且很紧张。由于盖内尔的发展性差异，她无法描述自己的感受。细心的父母投入大量精力帮助她在学校和家庭搭建的安全感平台，因为她的极度恐惧而退化。

接下来的一周，当妈妈送她去学校时，盖内尔拒绝下车。妈妈很惊讶并开始关注此事。第二天，当她和妈妈去百货商店购物时，看到一个试衣室并听到锁门声时，她惊慌失措。她呼吸急促，并开始哭泣，妈妈不明就里，因为这种行为之前从未在她身上出现过。第二天妈妈打电话给我，我们在盖内尔不在场的情况下会面，并在教师和课堂助理的帮助下，查看了孩子在校的行为日志，进行了分析，我猜测冷静室给孩子造成了创伤性记忆。

这是怎么回事？当个体差异的自适应行为被强行干预，同时孩子的社会支持得不到保证时，情况会变得更糟。我们的治疗导致了新的问题，从而陷入医源性困境，这就是盖内尔的症结所在。

> 盖内尔的行为并非有意破坏或寻求关注。她的体验说明为什么我们要支持自闭症儿童，我们需要区分不良行为中哪些是故意的，哪些是孩子独特大脑结构的反应。我们可能会因为对行为及行为倾向的错误假定而无意中给弱势儿童增加了压力。盖内尔的唱歌和抚摩同学的行为是她的身体对感觉过度反应的本能自适应。在忙碌和感官刺激丰富的课堂上，她需要本体觉的刺激，这是她神经系统的反应。

关于自闭症的新观点

罗格斯大学计算神经科学领域的研究员伊丽莎白·托雷斯（Elizabeth Torres）研究自闭症人群如何通过行为上的努力来应对内在的生理差异。[17] 她与研究员卡罗琳·怀亚特（Caroline Whyatt）合作开发的自闭症理论模型（称为运动感知视角），揭示了运动和感知方面的内在差异是自闭症的主要核心特征。当前DSM的诊断中将自闭症描述为社会认知、互动和沟通的障碍，他们提出的新模型与DSM形成鲜明对比，如果这种模型是正确的，对我们如何理解、对待和支持自闭症儿童的行为差异将产生深远的影响。[18]

2013年在我主持的自闭症会议上，当我第一次听到伊丽莎白·托雷斯展示她的研究成果时，在整个讲座过程中我都按捺不住自己的兴奋。她提出的观点（自闭症行为代表神经系统双向信息高速公路内的复杂差异）对我来说，比现有或过去盛行的任何理论都更有意义。她的成果让我想起了多年来从安妮·多恩兰（Anne Donnelan）那里读到的东西，安妮·多恩兰也认为行为（运动）是人们根据其独特的神经生物特点而做出的自然调整和适应。她的工作还让我想起了波格斯博士的智慧，他认为行为是基于生存的个体对环境的神经感知（包括关系环境）的适应。

行为与自闭症

当我们面对神经多样性人群的问题行为时,我们必须打破"行为或特质是稳定的并由某种疾病引起"的固有观念。在个性化教育计划中,我经常听到这样的说法:"这种行为在自闭症儿童中很普遍。"虽然其目的可能是让父母放心,但很多人告诉我这些说法让人感觉受到了轻视。实际上,自闭症本身和其他发育问题中的变化太多,不能一概而论。这种说法还低估了孩子的个体特征。

另一个错误是假设儿童在标准化认知测验中的低分准确地反映了神经多样性人群的智力水平。"低于平均水平的认知功能"是自闭症中特别具有伤害性的标签,应谨慎使用,因为许多传统的智力测试都低估了特殊人群的智力。测试是为具有典型神经运动功能的普通儿童设计的,**孩子可能知道测试问题的答案,但由于压力反应或感觉和运动差异而无法展示或告诉评估者答案**,[19] 从而导致其技能被低估。对很多学生来说,这可能会导致对其降低期望、制订个性化教育计划目标和不合理的教育课程等意想不到的后果。

让我们回到盖内尔的案例,她持续不断地唱歌,需要触摸东西和其他人,这种行为引起了学校的关注。从孩子适应她自己的生理特点的角度来看,我们可以理解为什么减少她"问题"行为的惩罚方式是不成功的。我们决定将策略转变为对其行为的欣赏,只是现在多了一个新问题:盖内尔开始害怕上锁的门。

寻找自下而上的原因和积极的支持

我鼓励团队采取新的方法。第一步是暂停原计划和尝试欣赏盖内尔的行为,并反馈他们是如何适应她的。罗格斯大学托雷斯博士的神经科学原理表明,这件事是值得花时间去做的。托雷斯博士从运动感知的角度阐明了观点,并解释说:"许多症状行为,例如'刺激'、避免注视和刻板,可以理解为一种应对机制,目的是支持稳定性和对感知及行为的控制。"[20] 换句话说,我们在自闭症儿童中看到的这些行为可能正在帮助儿童应对通过其感官系统从世界获取的信息，并对该信息采取行动。

我鼓励团队重新思考，认识到盖内尔的重复唱歌和仪式化的触摸行为实际上是一种适应和应对机制。这些行为在教室里发生是因为她的听觉系统有感觉过度反应，而本体觉系统却有感觉不足的反应。因此，她的行为可能有助于她忍耐教室的环境，并在其中感到舒适些。

基于这个假设，我们开始努力消除冷静室对她造成的压力和创伤记忆。首先，我们停止了所有对她的行为有负面影响的因素，并转向提高关系安全性，作为帮助她再次在课堂上感到安全的核心策略。接下来我们承认，之前可能错误地认为她的行为是试图引起关注或逃避要求，现在开始将行为视作她的生理性适应。

改变方法的理由是，采用自上而下的策略来针对要消除的行为，忽略了它们很可能是自下而上的过程的事实。我们还有另一种选择：将这些行为视为盖内尔自己做出的"个体适应"，就像你可能会在身体感到不适时不假思考地调整自己的姿势一样。[21]

随着方法的重大转变，我鼓励她的父母增加治疗方法，以利用盖内尔身体本能的反馈，包括音乐、触觉和节奏。我建议让她倾向于自己的自然选择，而不是试图消除它们。托雷斯博士的研究实验室得出的理论认为，这种经历会锻炼感觉、躯体运动回路，从而支持其他神经发育过程。[22]

幸运的是，盖内尔的言语治疗师将神经音乐治疗师介绍给孩子的父母，他的技术非常适合盖内尔的天性。[23]在与盖内尔的会谈中，治疗师使用了各种乐器、声音和节奏，以帮助盖内尔感觉到自己在运动中与身体的连接（及控制）更加紧密。她与这位才华横溢的治疗师建立了密切的关系，所以在探索声音时感到前所未有的愉悦和安全。她的母亲录制了会谈的短视频，并共享给团队的其他成员。盖内尔与治疗师和妈妈一起跳舞和唱歌时，我们对音乐和动作的创新使用以及盖内尔脸上的愉悦表情感到惊讶。

此外，盖内尔的职业治疗师与团队进一步讨论了我们如何合作以支持愉悦的感觉和运动体验，尤其是那些包括声音和各种运动的体验，这些体验增强了盖内尔的身体意识。

基于神经发育的角度，根据情境设置不同的治疗方式很有帮助。换句话说，我们可以了解某种疗法是更多地使用自下而上还是自上而下的策略。然后，我们可以根据孩子的功能水平，思考是否应用了最合适的技术。当然，没有一种疗法可以"纯粹"地自下向上或自上向下，但是我们可以从不同的角度对疗法进行分类。

我们可以通过促进融合、改善沟通和自我倡导等活动来支持儿童的自主选择，最重要的是，要增强连接、营造快乐的人际关系。

> 我希望，理解治疗缺陷和支持发展之间的区别将有助于我们从更加尊重和接受的视角看待行为差异，而不再苛责自闭症患者或迫使他们适应。

观念的转变

我们对盖内尔行为的重新定义对团队产生了深远的影响。现在，我们将她的行为理解为对大脑/身体联系的自我适应，因此教师和课堂助理不再为改变她的行为而感到压力重重。他们决定允许盖内尔做她本能偏爱的行为，除非这些行为真正分散了班上其他学生的注意力。为了帮助盖内尔的同龄人更好地理解她，我与教师组织了课堂讨论，希望对盖内尔的行为进行去神秘化和去污名化。她的同学们无私而充满爱心的评论和提问，充分体现了孩子们本有的宽容、接纳和灵活的态度，令人深受鼓舞。

但是，我们是否正在强化"不良"行为

当我们选择欣赏行为而不是改变行为时，是否会面临增强负面行为的风

险？我觉得不是。当我们根据儿童发展的身心一致的理念来处理问题时，我们可以提供最新的治疗策略和方法，这将帮助儿童感到安全，承担更大的风险并充分发挥潜力。如前几章所述，我们在尝试消除儿童的问题行为之前，先对它有清晰的认识，效果才会好得多。

不要忽视行为，注意因果关系的冰山模型

此外，从更广泛的角度看待行为，还应包括聘请儿科医生和其他专业人员帮助识别冰山之下各种触发因素的原因，比如行为的生物医学方面。运动系统受影响的儿童，特别是不说话的孩子，某些行为可能是由急性疼痛、身体感觉或疾病引起的。正如我们在本书的许多儿童案例中看到的那样，潜在的触发因素非常多。这就是为什么需要团队合作的重要原因，让父母和专家（包括儿科医生、发育儿科医生和神经科医生等）协商重要的治疗方案，并确保让孩子免受痛苦、感染、慢性病或其他需要注意的医学问题。[24]

自闭症和其他形式的神经多样性的行为和个体差异

如前所述，自闭症标签可能会导致人们将其框定在"失调"的范围内，即专业人士容易降低对孩子的期望，给孩子的潜能设置了无形的天花板。[25]因为专业人员接受了残疾医学模型的培训，该模型将发育的差异视为缺陷。但是，我们也可以从文化的角度改变对自闭症行为差异的看法，鼓励人们欣赏神经多样性，而不是试图让孩子的行为表现得"正常"些。

我并不是建议我们要忽略特殊行为，也不建议我们不对自闭症的儿童进行深入的早期干预。但是，我们应该从新的角度来看待行为，而不是在真正了解其功能目的之前就尝试对其进行干预。有时，行为可能根本没有目的，这也没关系。神经发育正常的观察者可能永远无法理解为什么孩子只喜欢自己独特的重复性动作或感兴趣的话题。在孩子的生活中，成人可以选择用什么样的信息来反馈和评价他们的行为。你想传递什么信息呢？

自闭症患者本人就是在这个话题上最有发言权的教师。伊多·基达尔（Ido Kedar）在他的博客和书籍中写道，人们经常对他的外显行为做出负面评价，而无法认同他的能力。[26]

通过打字来进行交流的东田直树（Naoki Higashida）是《我想飞进天空》（The Reason I Jump）的作者，他在此书中呼应伊多·基达尔的观点，写道："我们甚至无法对自己的身体做适当的控制。""当大家说我们令人头疼时，无论我们处于静止还是运动状态，我们都像一个需要远程控制的故障机器人。最重要的是，我们总是被指责，却无法为自己辩解。我曾经感到被全世界抛弃。"[27]

伊多·基达尔和东田直树的著作提醒我们，我们应该寻找优势而非劣势，要发现能力而非斥之无能，我们应该通过个性化的支持而不是千篇一律的方式挖掘每个人的潜力。

神经多样性个体的行为解释

- **孩子的感觉和运动/活动状况，可能会影响孩子向你表达他们在想什么以及他们能做什么的能力。** 不要以为有运动差异（包括不会说话）的孩子不知道正确答案，故意行为不当或故意不配合。相反，向每个孩子询问并假设他能理解是有好处的，他们只是需要在适当的支持下才能向你表达。

- **尽早与专家商谈，以帮助孩子沟通。** 替代和增强交流（Alternative and Augmentative Communication，AAC）包括一种子类型，即促进交流（Facilitated Communication，FC），是语音和语言治疗领域的子专业。口语交流困难的儿童（非说话者）在寻找其他交流方式时需要支持和帮助。一些语言治疗师接受过专门的培训，可以帮助在口语方面遇到严重挑战的儿童。

- 所有儿童都需要我们花时间与之建立信任关系，以减少犯错误的

风险。 成人的陪伴、鼓励可以帮助孩子保持镇定和警觉。与神经多样化的孩子交流并不总是那么容易，但所有陪伴孩子生活的成人都应努力发现他们的意图和想法。第一步是建立信任关系，让孩子感到安全、把握机会并不断地向我们表达他们所知道的东西。

我们应该重视却被忽略的行为

在我曾经参加的一次会议上，一名自闭症少年讲述了他童年时期的一段令人沮丧的经历。5岁的时候，他与行为治疗师进行了45分钟的训练，他厌倦了这些重复的操练并想回家，但他无法使用语言甚至手势表达，只能跑到窗边，用鼻子抵着窗户，然后凝视着窗外。这是他试图与治疗师和母亲沟通的内容：他准备走了。

但是治疗师没能理解，以为他被"刺激"（即一种毫无意义的自我刺激）所吸引，而忽略了孩子的沟通动机。透过窗子，他们看到一个行人和他领着的一群狗。治疗师对男孩的母亲说："他正盯着狗。"她认为这是孩子天生对狗的强烈兴趣吸引他到窗前。"让我们忽略并想办法让他回到桌子前。"这个17岁男孩回忆起当年他无法被人理解的巨大挫败感。

治疗师的不解人意并非故意。她遵循一种常见的治疗技术，该方法可增强所期望的行为，并通过"计划的"或"战术的"忽略来消除旧行为，帮助儿童学习和建立新的行为。我越来越担忧这种方法，因为它们缺乏对自闭症的复杂性的深度理解。这种仅从"表面价值"看待行为的观点认为，我们需要改变自闭症患者的某些行为，而不是将其视为一种沟通形式，一种儿童的压力负荷的表达，一个人的神经多样性或"仅仅是人类丰富多样性的一部分"而加以欣赏。[28]这个治疗师的方法基于一种模型，该模型认为自闭症的行为差异是异常的，需要改变。

> 也许需要改变的是整个系统和专业人员对自闭症患者行为的看法，而不是自闭症儿童的特殊行为。

最后，从发展和基于关系的角度来看，对儿童的忽视是不可取的。我们可能以为我们只是忽略了某个特定的行为而不是孩子本人，但是孩子不一定会加以区分。当人们感到被忽视时，支持绿色通路的社会参与系统会被破坏。这样做对孩子没有帮助，还可能增加孩子的困惑并减少与他人的联系。想想上一次你被自己在意的人无视时的感受。**作为人类的一员，被忽略的感受，减少了我们与他人的情感连接，当我们遭受痛苦时，这些人应该成为我们的生命之舟。**

- 如果问题行为是孩子争取交流的机会（通常在自闭症谱系中不说话的孩子就是这种情况），就不要向孩子传递错误的情感信息。如果那样，成人等于在说："我对你所表达的内容不感兴趣，只有在你满足我的要求时，我才会关注你。"
- 忽视反映了人们对自闭症孩子行为的理解过于简单，没有努力辨别孩子潜在的复杂想法和感情。
- 忽视孩子会给孩子造成很大的压力，同样给父母和照料者带来很大压力，而且是不合常理的。

与其忽略问题行为，不如反过来密切关注孩子并思考：孩子试图通过行为告诉我们什么？我们如何帮助孩子更好地沟通？当我们假定孩子具备能力时，我们的重点将优先从遵守行为规范转变为促进成长、沟通和为自己争取权利和利益的意识及能力。与之前不同的是我们看待行为的视角改变了。

增进我们对行为的理解

我们什么时候需要改变系统而不是改变孩子的行为？在一个个体行为差异往往无法得到欣赏的世界中，对于那些不会伤害儿童自己或他人的行为，我们需要秉持合作和宽容的态度。在发现具有破坏性、怪异或超出我们的舒适区的行为并将其设定为干预目标时，我们需要问问自己：此时改变行为是否能让孩子得到最大的利益？

以下工作表将帮助你发现孩子的差异和自然倾向，你可以根据它来决定是否改变我们对孩子问题行为干预的期望和观念。

工作表

行为自有其意

是否接纳孩子那些满足其基本需要的行为？也就是说，孩子是否有必要参与一些运动（行为）以增进交流或待在绿色通路上？
_____ 是 _____ 否
如果是，请记录你对孩子需求的观察：
_____
_____
_____

孩子的行为是否可能预示着潜在的问题，例如身体疼痛或情绪困扰？
_____ 是 _____ 否
如果是，请记录可能存在的潜在问题：
_____
_____
_____

是否就行为的潜在含义与孩子的工作团队，包括儿科医生、父母和教师进行了深入的沟通？
_____ 是 _____ 否
说明：
_____
_____
_____

Copyright © 2019 Mona Delahooke. *Beyond Behaviors*. All rights reserved.

课堂应用

我们在谈论孩子的行为时所使用的语言会影响教室中的每个学生。反思我们如何处理行为和其他个体差异，以及如何向孩子表达对于他们偏好的看法是非常有益的。我们希望达到双重的目标：（1）帮助班上的所有孩子认识到，他们身体发出的信号是有价值的，不应被忽视或感到羞耻；（2）建立差异接受模型，我们需要教导新一代的孩子，应尊重自闭症谱系障碍和其他形式的神经多样性人群的差异。

以下工作表是一些你常遇到的场景和方法的样例，它将帮助你思考孩子可能表现出的各种需求，以及如何以温暖、有趣的方式来满足这些需求。如第 4 章所述，基于自我的治疗应该成为所有儿童工作者与儿童相处的总原则。

> **工作表**
>
> # 与儿童谈论感官需求：运动
>
> 在以下示例中考虑 A 和 B 之间的差异。
>
> **孩子在教室里表现出动作方面的差异。**
> A. 带着评判情绪的语气：
>   "你的身体需要安静一会儿；你正在打扰同伴。"
> B. 带着温暖、关切情感的语气：
>   "我看到你的身体在不由自主地四处走动，你想站起来伸展一下吗？"
>
> 孩子躺在地板或桌子上而不是坐起来。
> A. 带着评判情绪的语气：
>   "坐起来，现在不能躺下。"
> B. 带着温暖、关切的情感的语气：
>   "你现在坐起来似乎有点困难，也许你可以靠在这个漂亮的垫子上，坐在我旁边。"
>
> 用自己设计的语句，与孩子谈论其运动偏好和不同的需求。
>
> 孩子的名字：_____
> 语句：_____

> **工作表**
>
> # 与儿童谈论感官需求：声音和触觉
>
> 在以下情景中考虑 A 和 B 之间的差异。
>
> 当你看到孩子对声音产生负面反应时。
> A. 带着评判或中性情绪的语气：
>   "请注意，跟我们一起唱歌。"
> B. 带着温暖、关切的情感的语气：
>   "坐在我旁边好吗？这些音乐是新的，我会帮你的。"
>   "看来你觉得这里有点儿吵，如果需要，可以随时戴上耳机。"
>
> 当你看到孩子避免某些触碰时。
> A. 带着压力的语气：
>   "能快点吗！时间不多了，你还没开始画手指画。"
> B. 带着温暖、关切情感的语气：
>   "我看到你真的不喜欢触摸颜料，亲爱的，它涂在你的皮肤上好玩吗？"
>   "也许我可以和你一起尝试。"
>
> 考虑到语气中带入的情绪的影响，用自己设计的语句，与孩子谈论其运动偏好和不同的需求。
>
> 孩子的名字：_____
> 语句：_____

Copyright © 2019 Mona Delahooke. *Beyond Behaviors*. All rights reserved.

我们需要改变工作重点，向孩子传递富有同情心的信息，说明他们的身体具有智慧，而不要因孩子的自然倾向和适应性反应而视其为另类。与语言治疗师和沟通专家合作也很重要，他们站在广泛的神经发育的视角，帮助孩子尽早进行沟通。交流有助于情绪的共同调节，是学习和记忆的关键以及缓解儿童痛苦的愈合剂。

在尝试改变行为之前，我们需要通过这些行为了解孩子有怎样的需求和内在体验。当我们这样做时，孩子将更有可能欣赏自己的身体感觉和偏好。在当前自闭症治疗和支持领域的实践中，人们对"适当"行为的定义还很狭隘，这种方法将帮助我们摆脱许多束缚。

建模意识和自我同情

有许多机会都能增强我们对自我身心的认识和关爱，从而为儿童做出榜样。第4章中的呼吸和自我关爱练习以及附录中的正念资料，能帮助你与自己的身体连接（如果你无法自然做到）。至少，这要求我们放慢速度，专注地聆听来自身体的声音。下面的讲义提供了一些引导语，它让我们以自我同情关注身体发出的信号，还可以根据这些体验为孩子构建模型。

当我们能够对身体发出的信号表示欣赏时，就能帮助儿童欣赏他们身体发出的信号。我们在向许多自闭症儿童要求一些他们可能感到困难的事情：计划、排序和调整行动。这些挑战通常是由于他们的身体在感官信息的获取及反应的方式上存在差异。

我们需要改变方法，而不是要求孩子改变其行为，如果你看到孩子的面部表情、手势或姿势从绿色通路向红色或蓝色的方向偏移，请满怀爱心地与孩子一起应对这种偏移。该工作表提供了用语的示例和孩子关注身体后的反馈，我们可以用这些语言来帮助儿童增强忍耐性并与我们交流。请记住，自闭症孩子的感觉加工差异会更大，即便在"普通的"环境中，也可能会感到不舒服。

> **工作表**

关注身体的信号

成人通过简单的描述，让孩子看到成人是如何识别身体的反应并行动的，此时，不要刻意做出教学的姿态来引起孩子的注意。相反，让自己处于平静的绿色通路时，找合适的机会不动声色地进行示范。以下仅是示例，你可以根据自己的经验加以应用。

"我的身体告诉我坐下歇会儿。"（然后坐下。）

"那些警笛声引起了我的注意。"（放慢车速并把车停到路边。）

"我的肚子在咕咕叫，我觉得饿了。"（然后吃东西。）

"这里太亮了，我感到有些刺眼"（调低灯光亮度。）

说明我们的感受并通过相关的动作来回应这些感受，聆听我们身体的智慧并表达，为儿童提供模仿的榜样。

Copyright © 2019 Mona Delahooke. *Beyond Behaviors*. All rights reserved.

> 工作表

帮助儿童觉察和接纳自己身体的感受

思考可以帮助孩子了解来自身体的感觉信号的方法。

你可以针对孩子的发展阶段和沟通水平自己设计用语。通过听觉或视觉方式（语音、文字或图片）加以呈现。

"你好像感觉到了什么，亲爱的，那是什么呢？"

"你的身体正在发出什么信号吗？"

"你瞪大了双眼。你的身体在告诉你要注意些什么吗？"

"看起来你的身体想要活动一下。"人有追求舒适的天性，对此应给予尊重，还可提出建议，比如："此刻你的身体感觉需要什么？"或"你愿意和我一起坐坐或走走（或）吗？"

设计并记录与孩子的对话：_____
_____

Copyright © 2019 Mona Delahooke. *Beyond Behaviors*. All rights reserved.

我们通过亲密关系，抚慰孩子并帮助他们学会抚慰自己，从具有本能反应的婴儿发展为可以觉知自己的身心状况并与他人交流的孩子，这对于他们一生的社会性和情绪发展都是有益的。

制订优先级

当我们将顺从作为优先级时，往往会在不经意间向孩子传递一些信息。当男孩诺顿用打响指来应对焦虑时，学校传递给诺顿的信息是——"忽视你的身体"。他在第一所小学度过了艰难的一年后，父母决定将他转到一所小型私立学校（不是所有家庭都能拥有的奢侈选择）。在新学校里，学生可以选择坐在大型健身球上而不是椅子上，甚至可以坐在地板上。学校还允许孩子在合理的范围内寻求能让他们保持平静和专注的感官体验，诺顿在这个新环境中充满活力，还保持了自己的独特个性。后来他升到一所开明的小型公立中学。凭借出色的记忆，他的学业成绩优异，在高中的毕业典礼上，他被选为致辞的学生代表。

他的成功提醒我们，在面对问题行为时，必须思考以下问题：在采取行动改变孩子的行为之前，我们是否可以花费时间和精力来理解这些行为的自适应性？是否有可能表现出宽容并改变我们的态度，而不是简单地改变孩子的行为？我们是否可以根据孩子的行为差异来寻求最具有支持性和创新性的方法，制订尊重每个孩子神经发育特征的解决方案？

下一章将介绍另一组儿童，他们曾经遭受毒性压力、创伤和其他负面的童年经历，但会因我们对其问题行为的理解而受益。

要点

- 神经多样性人群的行为包括"人们为缓解环境压力而做出的调整和适应的行为"。[29]

- 因为个体的差异，儿童有自己独特的应对世界的方式。
- 我们对某种行为进行干预之前，需要评估这种行为对于孩子的意义，这样才能帮助孩子建立人际安全感、自主意识和独立决策的能力。

第8章
如何应对遭受毒性压力和创伤的儿童的问题行为

> "我相信,当每个人都有勇气面对这个问题时,
> 我们不但有能力改变健康,还能改变世界。"

——纳丁·伯克·哈里斯博士(Dr. Nadine Burke Harris)

当孩子遭受创伤、持续的压力或两者兼而有之时,他们的神经系统可能非常脆弱,因此,要敏感和同情地应对孩子的行为问题,这一点很重要。与任何孩子相处,都需要辨别是什么引发了特定的行为,还要确定帮助孩子的最佳方法,这两者都很难。本章将探讨毒性压力的影响以及应对有不良经历的儿童的问题行为的最佳方法。

我们将用4个孩子的案例来进行探讨:杰西、马特、洛伦和莉娜。我们会看到,他们的生活经历、成人尝试帮助他们的方法以及孩子们的结果差异很大,但是这些故事都可以帮助我们了解个案的复杂性,还有我们在过程中可能犯的错误,以及在这些孩子的生活中创造积极变化的潜力。

在讲述孩子的故事之前,有必要了解压力对发育中的大脑的影响。

早期不良经历对大脑发育的影响

压力或创伤经历通常是问题行为的先兆。一些孩子自身的风险因素可能使他们更容易出现不良情绪和问题行为，包括一系列"童年期不良经历（Adverse Childhood Experiences，ACEs）"。[1]

凯泽（Kaiser）于 1995—1997 年与美国加利福尼亚州的疾病控制中心（Centers for Disease Control，CDC）合作进行了最早的童年期不良经历的研究。超过 17000 名患者完成了有关其童年早期经历以及当前健康状况和生活方式的调查。研究人员针对成人的各种童年期不良经历进行了调研，其中包括：

- 身体虐待
- 性虐待
- 情绪虐待
- 身体上的忽视
- 情绪上的忽视
- 亲密伴侣暴力
- 暴力对待患者母亲
- 家庭物质滥用
- 家庭精神疾病
- 父母分居或离婚
- 被监禁的家庭成员

研究人员发现，有越多的童年期不良经历的成人，一生中越有可能出现健康、人际关系和行为问题。在童年早期有关的风险因素和创伤影响领域，该研究是最早涉足于此的项目之一。它表明，了解和思考每个孩子的成长史很有必要。

最近随着童年期不良经历被普遍关注，创伤知情护理的理念也得到认可，该方法是一种帮助儿童"认识到创伤症状的存在以及创伤在他们的生活中所起的作用"² 的方法。儿科医生和美国旧金山青年健康中心（Center for Youth Wellness）的创始人纳丁·伯克·哈里斯（Nadine Burke Harris）多年来一直研究儿童创伤对其发展的影响。她的书《深井效应：童年创伤如何影响未来健康》(The Deepest Well: Healing the Long-Term Effects of Childhood Adversity)无可辩驳地描述了毒性压力对儿童大脑发育的沉重打击，并倡导父母和支持者帮助受童年期不良经历影响的儿童。³

伯克·哈里斯博士及其同事用图表对701名儿童进行了回顾性调查，研究了儿童的童年期不良经历与健康之间的关系。他们的发现令人震惊，成长史中具有4个以上童年期不良经历的儿童被诊断为学习和行为问题的可能性，是没有或有少量童年期不良经历儿童的32.6倍。⁴尽管她的研究只证实了相关性，并没有证明其因果关系，但这些数据凸显了继续进行研究的必要性，并且需要进一步了解创伤和毒性压力是如何影响发育的。

伯克·哈里斯博士在一次采访中指出，对遭遇过高水平创伤和毒性压力的儿童进行的脑部核磁共振研究表明，"他们的海马体（对记忆和情绪调节至关重要的大脑区域）缩小，大脑恐惧中心杏仁核的体积增加。这会使人警惕过度，对威胁或挑战过于敏感"。⁵这一生物学发现还解释了为什么童年期不良经历得分高的儿童经常会有学习困难：因为海马体负责创造力和记忆力。

简而言之，当压力反应被反复激活时，大脑发育就会受到损害。创伤儿童的行为和学习困难反映出压力对其发育中的大脑的有害影响。

基于上述研究，让我们看看能从以下4个不同的个案中学到什么，先从杰西开始。

杰西：被威胁的情绪和记忆对行为的影响

当杰西大声啼哭来到这个世界时，妈妈玛拉还是高中生。他的爸爸妈妈，玛拉和她的高中同学乔，决定共同抚养孩子，他们与玛拉的父母住在一起，直到他们毕业并能够养活自己。

爸妈去上学时，杰西的外婆在家里照顾他，孩子成长得很好，顺利度过了一个个发展阶段。高中毕业时，全家为玛拉和乔拖着婴儿完成学业感到骄傲。毕业后不久，他们和儿子一起搬进了一间单身公寓，在当地的一家快餐店找到了工作，轮流上班。这样他们就可以照顾儿子，而不必把他放在托儿所。

事实证明，这种改变对任何人，包括杰西来说都是困难的。在头3个月的时间里，他在外婆家过夜，但是来到新的环境中，在第11个月时，他开始每晚醒来多次。因为筋疲力尽、财务紧张和重重压力，玛拉和乔经常在杰西面前大声争吵。直到孩子2岁时被送到日托中心，他开始咬其他孩子时，没人想过紧张的环境给孩子造成了如此沉重的负担。

是什么原因造成的？事实证明，从外婆家搬出来以及父母的家庭冲突是杰西儿童早期的不良经历。习惯于被外婆呵护的他，突然与不堪重负和精疲力竭的父母一起被推向新的环境。杰西听到父母不断的大吼大叫时，经历了红色通路的威胁。由于感官体验也是情绪体验，因此父母的高声吵闹可能会与某些相关的噪音和响声共同形成了威胁性记忆。在帮助杰西时，这成为一个重要的难题。

当我和这家人见面时，我们开始将所有的信息汇聚到一起。我首先要做的是帮助玛拉和乔与我建立安全感，不要将我视为又一个指手画脚的专业人士或长辈，将孩子的问题行为归咎于他们。一旦建立了信任关系，我们就有机会查找他们的压力源；不带任何评判的眼光，就能够理解杰西的行为是如何表达情感的。

当我们分析杰西幼年的经历时，发现了几种压力源。搬家（这使他与外婆在一起的时间减少了），听到父母大声吵闹和威胁的声

> 音，被打乱的睡眠周期以及日常生活方式的巨大改变都可能导致他在初入日托中心时难以适应。实际上，我们发现，杰西通常在每天最忙最吵的自由游戏时间咬其他孩子。
>
> 我们推测他生活中的所有变化都降低了他的自我调节阈值，因为在这些变化之后，人们就开始关注他的行为。轻微的言语延迟进一步加剧了他的自动化行为，因为他无法快速、轻松地告诉别人他的想法。我猜想某些情境会很快触发杰西进入红色通路，他无法用一种轻松的方式表达他的担忧，于是他咬身边的人来处理自己体内的压力。他的战斗或逃跑反应是对感知威胁的适应。

杰西的早期不良经历很可能导致他的神经系统脆弱。虽然父母尽了最大的努力，但是离开心爱的外婆的压力，深度睡眠周期被打乱以及父母的大声争论，降低了杰西的安全感。另外，当他出现不良行为时，日托教师会强调中心的行为规则和后果。他的压力反应被误解为故意的行为，因此，教师严厉责备的后果只会增加他的压力负担。就他的社会性和情绪发展之屋而言，他开始在人际关系的基础和框架方面出现问题，导致情绪调节困难，从而引发了他的问题行为。

最后我们采取多管齐下的方法来帮助杰西。首先，他生命中的每个人（父母、外婆和教师）都要将他的安全感放在首位。其次，我向杰西的父母推荐了儿科言语治疗师，根据儿童发展特点和基于关系的方式解决他的言语延迟。大约在同一时间，租金上涨迫使玛拉和乔搬回玛拉妈妈家——杰西心爱的外婆那里。在接下来的几个月中，随着成人人际关系的日渐和谐、温情增加，以及来自外婆的亲密感和安全感（现在她可以中午就把他从幼儿园接回家，比爸妈要早得多），杰西的问题行为有所减少。

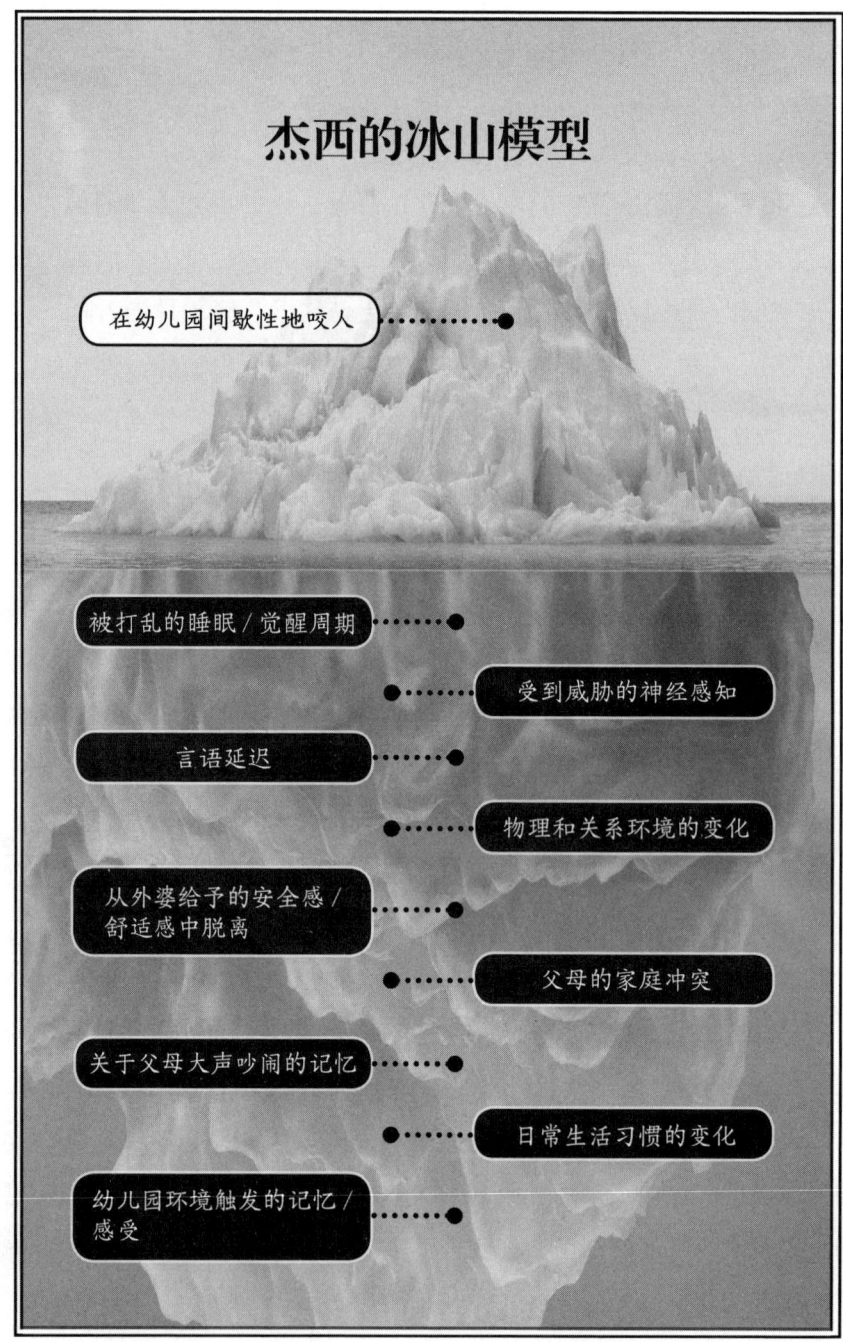

马特：发现创伤的痕迹

经历了多年毫无起色的不育治疗后，朱莉娅和塞缪尔决定收养一个孩子，当社工打电话告诉他们，一对兄弟需要一个充满爱心的家时，他们感到非常兴奋。经过几个月的手续办理，他们终于收养了3岁的马特和2岁的弟弟瑞特。

家庭气氛变得热闹起来。瑞特适应得很好，睡得很好，在大多数日子里都能从失望中顺利恢复。而马特却从一开始就有困难，每天晚上他多次哭着醒来，在幼儿园难以集中注意力，也很少和同龄人一起玩，而是独自一人看书。在家里，马特无法与养父母建立良好的关系，而且经常在生气时出言不逊。

瑞特7岁那年发现马特在家里的地下室放火。还有一次在跟家人的争吵中，马特从笼子里抓起了仓鼠，把它扔在墙上，杀死了它。

一名心理学家诊断马特患有反应性依恋障碍和行为障碍，并建议关注他的人际交往困难。学校为孩子提供了心理辅导，并制订了行为治疗计划。当马特行为举止得当时，教师和父母按要求给予正强化，而当他出现不当行为时，则要立刻为此承担后果。

糟糕的是，治疗计划被证明无效。几乎没有朋友的陪伴，马特成为独来独往的人，大部分时间都独自玩电子游戏。当他把一口大锅扔向母亲并威胁要杀死她之后，父母变得绝望并报警了。

当我与马特的父母见面时，他们告诉我，他们知道他在蹒跚学步时曾被虐待和忽视，但还是希望他们所提供的安全感和爱心能够帮助他像弟弟一样茁壮成长。

马特的行为——与社会脱离、伤害动物、放火和威胁父母，都表明他的大脑和身体持续处于防御状态。他从未建立起调节情绪的能力，即与他的教养者共同进入绿色通路的能力。随后，他的所有发展里程碑的不同阶段都受到了挑战，包括人际交往、对问题和处境的思考、表达自己的情感以及寻求帮助的能力。他的攻击性行为是一个早期信号，表明即使在安全的情况下，他也认为自己处于周围环境中的危险或生命威胁之中。马特早期经历的身体和情感的伤害形成的创伤，严重损害了他管理情绪和认知的能力，还损害了他将自己的目标与更广泛的共同利益相联系的能力，这种不足严重削弱了他的正义感。[6]

他的教师、医生和以前的治疗师基于他存在"障碍"的假设，使用模型对其进行了治疗，然而他们没有意识到他的行为是无意的，是基于对早期创伤的生存性适应。医生开了处方药以帮助他调节情绪，并制订了干预计划，重点在于奖励良好行为和惩罚不当行为，但这些都无济于事。**糟糕的是，为马特提供帮助的三个系统（教育系统、医疗系统和心理健康系统）是彼此独立运作的，没有就他生命中最重要的问题，即早期经历的毒性压力进行协商或沟通。**

专业人士和教师向马特传递了他需要改变自己行为的信息，但是他们缺乏一致的方法来帮助他。实际上，他表现出这种行为的一个重要原因在于：他的行为是生命早期经历了多种创伤后的自动反应，当时他感觉到自己所依赖的人对他的生命造成了威胁。他并没有意识到自己的行为干扰了他人，由于成人对他的这些基于潜意识的生存适应性行为进行了惩罚，他开始对自己和他人产生消极的想法。

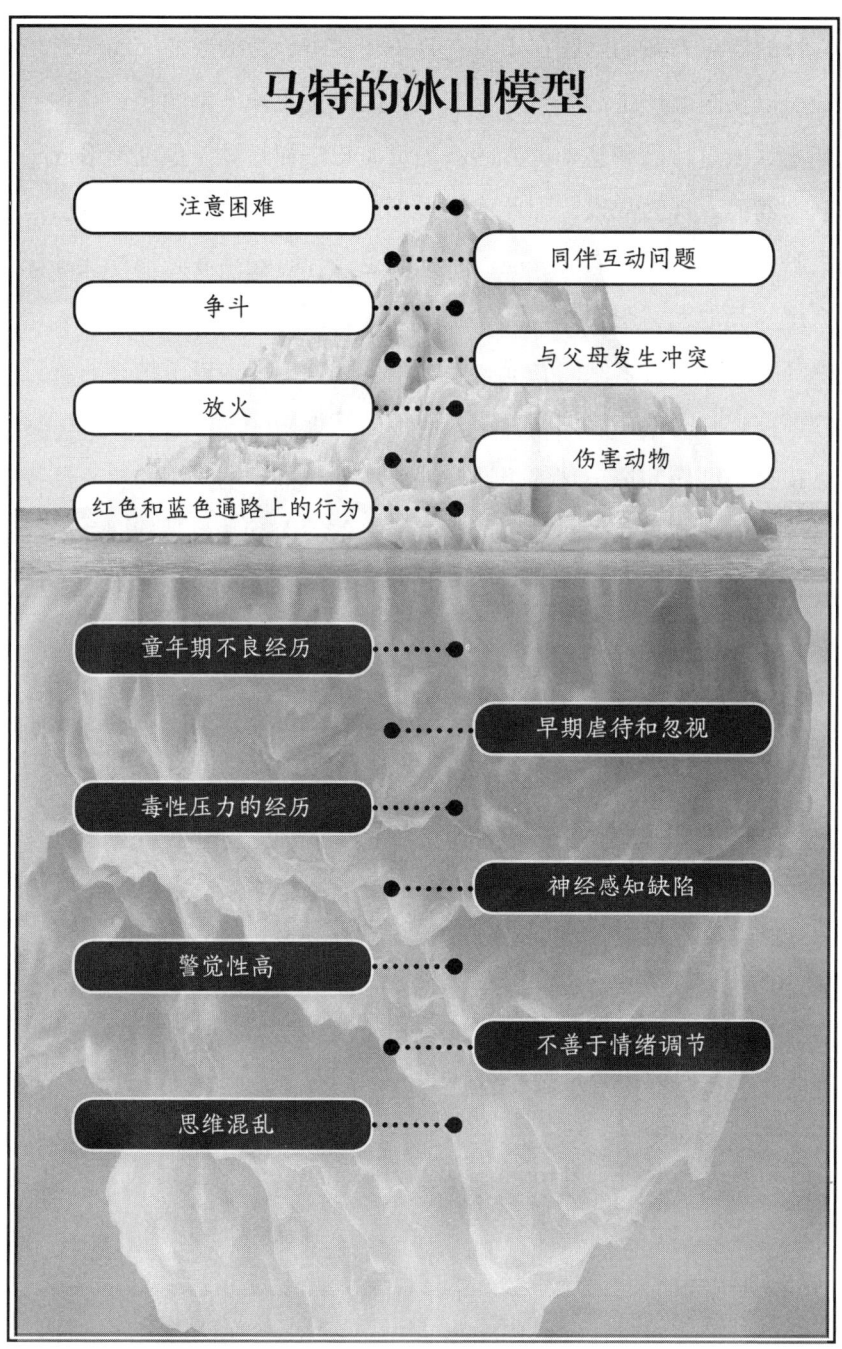

马特的治疗方案的问题在于，它只关注孩子行为的改变，而没有根据他的成长史以及因此产生的个体差异来考虑因果关系。不幸的是，这种治疗方法只能增强他对自己和整个世界的新的负面想法和感觉。他渐渐形成了一种认知，把其他人视为敌人，因此他不得不惩罚他们。他的举动是经历过创伤后的大脑做出的先发制人的反应。糟糕的是，计时隔离和其他惩罚加深了他的孤立感和其他人"想要抓他"的念头。

因马特突发的自杀倾向并威胁要逃跑，家人把他送进了精神病院进行住院治疗。在长时间的住院期间，家人与他的精神科医生进行了交流，这个医生最近接受了创伤知情护理的培训，她评估了马特早期服用的所有药物并提出了一个新的计划，减少药物用量并增加关系的支持。当马特回家后，她加入了马特的治疗团队并与他的父母一起参与会议商讨。我很欣赏这个医生的奉献精神，她没有将自己的作用仅仅定位于监控药物的剂量。马特的父母决定让他高中一年级在家学习，治疗团队中的每个人都对他能拥有一个光明的未来充满希望。

洛伦：持续的毒性压力

洛伦从幼年时代起就经历了艰难时期。洛伦4岁时警方因毒品交易逮捕了他的父亲，发现这个孩子被绑在一张床上。他的母亲几个月前抛弃了家庭，洛伦从小就遭受身体和情感上的虐待和忽视。

显然，洛伦受到持续的毒性压力的伤害，在缺乏成人保护性支持的情况下，无法激活身体压力管理系统，让压力得到释放。[7]

从那以后情况仍然不妙，为了给他一个稳定的家，政府将洛伦与远方的亲戚安置在一起。但是来到新家不久，洛伦就开始攻击他们蹒跚学步的儿子，当孩子靠近他时，洛伦就打他或扯他的头发。

由于实在管不了洛伦，这对夫妇很快要求社工给他安置新家。

接下来，他与一对夫妇和另外 4 个寄养孩子一起生活，这个家庭以严格管理而闻名。洛伦的社工希望该家庭的结构和规则能对他有所帮助，但相反，他似乎很容易被激惹，不断地情绪爆发，将食物和餐具砸在桌子上，还打人。洛伦在这家住了不到一年。

洛伦被诊断为患有对立违抗性障碍、注意缺陷/多动障碍和严重的学习障碍，在接下来的 6 年中，他大部分时间都在学校里与一个治疗小组待在一起。12 岁那年，洛伦在午餐排队时，一个同学从背后轻轻拍了他，他吓了一跳，狠狠地用拳头打了这个男孩，把他的鼻子打断了。

随着时间的流逝，洛伦的大脑变得更加紧张，不是为了保障安全，而是为了防御。他早期和长期的不良经历导致他无法控制红色通路上的行为，即本能的防御反应，甚至在看起来没有什么威胁的情境下，也会由于神经感知障碍导致过激行为。[8] 类似事件不断累积，直到最后洛伦被送进少管所，成为"从学校到监狱之路"的又一案例。[9] 与洛伦一样，大多数经历类似命运的年轻人都承受着巨大压力，包括面临贫困、衣食堪忧、种族主义和隐性偏见等困境。[10]

洛伦为什么没有得到他迫切需要的帮助？遗憾的是，与他一生息息相关的大多数成人都缺乏创伤知情护理的培训。他们根本不了解如何用最佳的方式抚养一个大脑和身体都遭受了创伤和持续不断的毒性压力的孩子。

奖惩问题

洛伦在成长中遇到的成人，毫无疑问都心怀善意地想尽力帮助他。他的寄养父母和教师常常采取相同的方法：奖励"积极"行为并惩罚"消极"

行为。

这种方法对洛伦没有帮助。为什么？这些成人不明白，奖励和惩罚范式并不能解释洛伦的大脑和身体受伤害的程度。尽管他们使用的技术可能会暂时增加或减少目标行为，却无法真正地帮助洛伦做他最需要的事：调节他对压力的反应。

在个性化教育计划会议上，这一点表现得很明显，洛伦团队的专业人士和教育工作者反复地将他的问题行为描述为故意和有目的的，而不是将其视为发展阶段的创伤导致的结果。

看一下管理人员对于洛伦的行为和学习动机的评论。

- "洛伦的能力远远超出他的实际表现。"
- "洛伦自己选择在学校工作还是不工作。"
- "洛伦还是比较懒惰的，他选择不做这份工作。"
- "洛伦对数学和阅读的理解力远远超出了他想让你知道的范围。"
- "洛伦毁了他的学业。"
- "洛伦脾气很坏。"

从洛伦6岁到12岁的6年中，他的团队试图通过奖励积极行为和惩罚消极行为（例如取消团体户外活动和郊游的权利）来改变他的行为。无论洛伦多么努力，他还是失去了那些权利。他的心理健康水平在蓝色通路（绝望并拒绝离开房间）和红色通路（攻击他人）之间来回波动。一位精神科医生试图用药物来减轻他的症状，但最终收效甚微，因为药物引发了许多副作用，从体重增加到极度昏睡和嗜睡。

了解创伤的影响

为洛伦提供服务的一家机构在举办的研讨会上提出他的案例时，我们讨论了创伤理论，该理论"以造成问题行为的原因为前提，而原因并非个人品格缺陷、道德上的缺陷或天生的恶意，而是创伤导致的"。[11]

　　这就引发了对洛伦的冰山模型的讨论，以及我们如何归因，从而决定相应的互动模式和治疗计划。冰山模型有助于加深我们对行为背景的理解，并转变我们如何看待洛伦行为挑战的方式。

> 　　洛伦的大脑和身体经历过创伤后，容易发生本能的、基于生存的红色通路行为，这有助于我们探索一种不同的方法，着眼于其行为的起因而不是行为本身。

　　我们谈到过多层迷走神经理论如何将他人的行为看作对生命威胁经历的一种适应。简而言之，这是生存本能。[12] 最能让洛伦从中受益的是，我们将目标从行为本身转移到社会参与和人际关系上。然后，我们为洛伦创建了一个冰山模型，并开始从深入了解创伤的角度来看待他的行为。

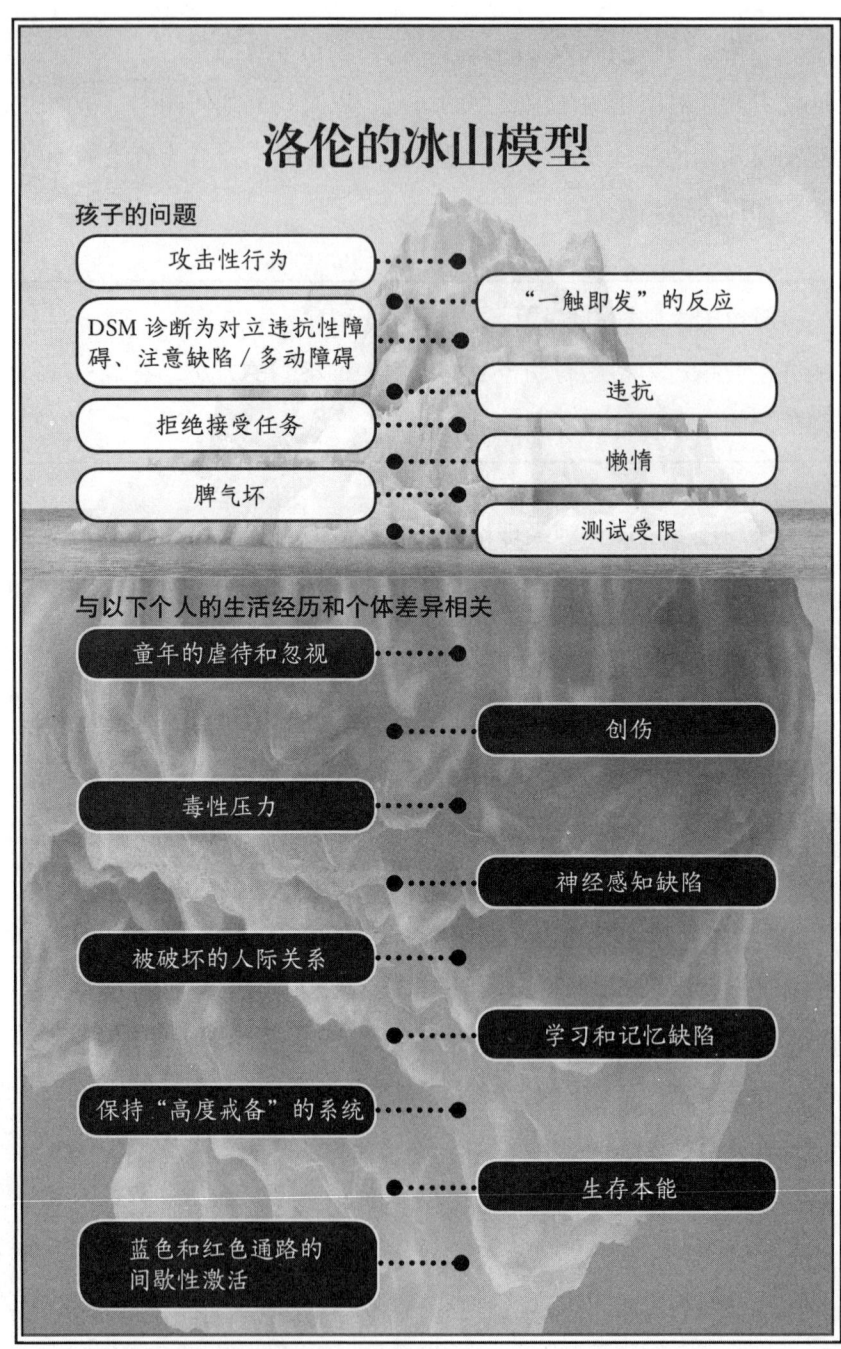

针对关系，而非行为

当我们将目标从行为转移到关系时，帮助洛伦的第一步就是分析他当前的社会关系支持系统。

"在洛伦的生活中有没有他信任的，使他感到安全的人？"我问。

洛伦的社工告诉我，退休教师玛丽是集体之家的志愿者，自洛伦9岁起就认识他，一直关心他，帮助他做家庭作业，定期带他去吃饭，并在附近散步。

玛丽还帮助洛伦所在学校的团队制订了一个解决他的学习障碍的计划。

在玛丽陪伴洛伦度过的所有岁月中，孩子的问题行为只爆发了两次。玛丽没有接受过创伤护理方面的培训，但她似乎从直觉上意识到帮助孩子的方法是通过人际关系。

玛丽与洛伦的连接清楚地表明了良好的关系如何能支持神经感知安全，从而消除孩子基于自我防御和保护的行为。其实，我们应该期望经历过毒性压力或创伤的儿童表现出问题行为。（因为这些行为帮助他们得以生存。）通过与他们建立关系，我们可以帮助他们转移那些潜意识中的自我保护反应，意识到他们不再需要那么做。

儿童创伤学院（Child Trauma Academy）高级研究员、医学博士布鲁斯·佩里多年来一直研究创伤对儿童的影响。针对童年期创伤的有害影响，他指出："良好健康的人际关系可以保护儿童免受与这些经历有关的持久伤害，这对于他们的康复至关重要。"[13]

我们不应一味对遭受创伤的儿童的行为进行病理性的处理，而应该转变视角，根据这种新观点来寻求方法。 像洛伦这样的孩子，我们重新诠释他们的行为，他们肯定想做好，但是由于脑部受了创伤，他的学习和行为出现了困难，这并不是他存心犯的错。正如他与玛丽的关系所带来的启示，帮助儿童把默认的威胁转变为安全的方法是重建他们在关系中的安全感。

帮助经历毒性压力或创伤的儿童

正如前几章所述，一旦我们改变了看法，将问题行为视为儿童（比如洛伦这样的孩子）的适应性表现，我们对行为的应对策略也会发生变化。所有出现问题行为的儿童，其基本模式都是相同的，但是遭受过创伤的儿童的情感格外脆弱。这些孩子经常表现出极端的和难以预测的问题行为，因此我们需要更加谨慎和精确地操作，以避免制订错误的目标而无意间使事情变得更加糟糕。

全面了解有关孩子人际关系和生活环境的成长史非常重要：他在几岁时经历过不良经历？是在一两岁的时候吗？孩子的压力是长期的，还是周期性的（与关系安全相关）？孩子的生活中是否有能与之保持稳定持续关系的成人？

提供支持和承认不公正

转变我们对受创伤群体问题行为的观念需要时间、人力和培训。重要的是与父母和照料者合作，从人文关怀的角度予以尊重，以符合孩子独特需求的方式，来帮助他们发展自我意识并学会情绪的自我调节。让儿童和家庭与那些接受过创伤知识培训的治疗师合作很重要，他们会在工作中尊重每个家庭的经历、个体差异、文化、学习方式和能力，以及社会性和情绪发展水平。还要考虑到贫困、种族、权力和特权对于个人眼中的世界是否安全的影响。在一个充满不公正现象的世界中，我们必须承认，有色人种的儿童会感受到更多的威胁。

提供可预测性并为孩子常规计划的改变做准备

如果事情可以预测，大多数孩子，尤其是那些遭遇过童年期不良经历的孩子会感到宽慰。童年创伤的幸存者常常难以适应意料之外的变化，当事情没有按预期进行，他们无法灵活思考和解决问题，当变化太突然或没有充分的提醒时，即使成人认为变化是积极的或良性的，也会让孩子进入红色通路。

例如，洛伦在遇到意料之外的变化时常常会出现情绪波动，这种情况在寄养体系中经常会出现。有一次，一个捐助者在球赛进行前几个小时向洛伦的社工赞助了棒球比赛的门票。知道洛伦是球队的粉丝后，社工迅速安排他和一些同伴去观看比赛。问题是，由于沟通方面的失误，直到司机来接他们之前，没人告诉洛伦这个消息。

表面上看，洛伦似乎已经适应了意外的出行，但是他的内心正努力应对这种突发的日常变化，即使是他本应享受的活动。小组一到达体育场，洛伦就与其他寄养孩子打架，一拳打在其他孩子的肚子上。在神经发育的术语中，这种无法预测的爆发被称为敏感的压力反应，即孩子的行为难以预测且孩子似乎处于如履薄冰的时刻。[14]

他的团队中没人预料到这次外出会有如此强大的力量，让他转到了红色通路上。主管对洛伦的行为甚是失望，希望他明白要更好地控制自己，事后主管因这次爆发行为惩罚了洛伦，没收了他的平板电脑。

什么可以阻止这一切呢？如果团队能够了解洛伦对突然发生的变化或过渡的敏感性，就会有人花时间提前告诉洛伦这次活动。或者，当事情变糟时，体察他的情绪并与之讨论对所发生的事情的感受。创伤知情的做法可帮助护理人员学习如何理解触发儿童创伤经历的情境，以帮助他们从创伤中恢复。

就洛伦而言，形势依然对他不利。研讨会结束一年后，我得知与劳伦建立了非常亲密的关系的玛丽搬走了。几个月后，洛伦又回到了少管所。**他的寄养体系脱离了一条实践准则，即帮助创伤受害者弥合因遭遇虐待和疏忽造成的伤害。**

但是对于洛伦这样的人，希望犹存。比如桑德拉·布鲁姆（Sandra Bloom）的庇护模型（Sanctuary Model）培训之类的项目，旨在通过对创伤和大脑的深入了解直接解决这类问题,并且很可能成为创伤受害者的护理标准。[15] 创伤专家布鲁斯·佩里认为这种模型最大的益处在于,它可以为个人和机构提供一系列培训。[16]

提高可预测性并管理日常生活中的变化

我们可以通过结构化的方法来防止情绪和行为方面的干扰,以减轻儿童日常活动中意料之外的变化带来的压力。虽然最好让孩子对变化有所准备,但难免会发生意外情况。当这种情况出现时,首选的方式就是加强与孩子的沟通。重要的是赶紧与孩子一起坐下或相伴而行,用情感增加孩子的安全感。如果可能,应该花点儿时间解释一下会发生什么变化以及何时发生。提高可预测性有助于儿童从创伤和毒性压力中恢复。可以通过提前与孩子沟通他们的日程安排来提高可预测性,这样他们就有一个合理的预期。此外,还可以使用视觉标识、海报或带有图片或文字的白板来帮助孩子为每天和每周的安排做好准备。对于难以记住或无法理解顺序的孩子,通过图片或其他符号来读取信息会有很大的不同。而且,当发生变化时,你可以对白板上的内容进行调整,添加或减少图片或写上新的计划。

提高可预测性并管理日常生活中的变化

我们可以通过给孩子设置视觉或听觉时间表来提高可预测性。

视觉:如果孩子是视觉学习者,则使用白板、海报或其他视觉工具,从早晨开始写下孩子的每日时间表。如果孩子能更好地理解图片,请使用代表事项的照片或图片,并按顺序排列在黑板上。如果日程突然有变,就更换文字或图片来反映其变化,这样孩子就能看到并开始调整期望值的心理过程,提高应对日常变化的能力。

听觉:如果孩子是听觉学习者,你可以从早晨就开始与孩子沟通当天的日程安排。你可以询问孩子是否知道自己一天中要做的第一、第二、第三件事是什么？与他们讨论甚至用唱歌的方式把一天的流程表达出来，通过这种有趣的互动，为孩子量身定制时间表，增强孩子的可预测感。

如果发生突然的变化，就尽快与孩子沟通，让自己处于绿色通路中的平静情绪下，与孩子互动，以帮助他们回到自己的绿色通路上。

让儿童感到灵活、可控和可选择

回顾一下，虽然结构化和可预测性通常能帮助孩子，但更重要的是实时调整每个孩子的神经系统对他们的需求。当我们着眼于儿童的安全感来调整以满足他们的需求时，还要意识到必须让儿童感到灵活、可控和可选择。

在学习如何适应变化的过程中，特别是孩子开始从绿色通路转向红色通路时，如果他们能感到过程灵活和可控，就会非常受益。我们需要记住，之前无法对压力或存在生命威胁的环境进行正确控制的孩子，即便通过攻击性行为来控制其环境，也是一种（无意的）适应性反应。

我们可以让孩子做简单的决定来逐步扩展他们的灵活性，例如他们做事的顺序（"你想先做拼写还是数学"），他们如何度过闲暇时光，或一些小事，例如谁在棋盘游戏中排名第一。我们使用不同颜色的通路作为指导来调节互动，并帮助孩子进入"浅绿色"通路。我曾将其描述为维果茨基的"最近发展区"，在这个区域中，孩子准备学习新事物，但不会感到无法承受。

给孩子一定的时间和空间，以便让孩子在给定的时间点灵活地进行管理，（在合理的范围内）决定自己想做什么。这样做有双重好处，既可发展当下的觉知力，又能发展灵活解决问题的能力。当意外发生时，我们也可以在自己的思维模式中建立灵活应对的模型。（例如，当晚餐烧煳时，我们可以开心地将早餐食品用于晚餐。）

> 布鲁斯·佩里很好地总结了这一点："给经历过创伤的孩子尽可能多的可控感、可预测性,提升他们对时间、时长和强度的调节能力。这是如此重要,而我们对此的重视还远远不够。"[17]

减少人员更换频率

避免人员频繁更换也很重要,寄养系统中的儿童经历了寄养父母、治疗师、辅导员和教师的高更换率,关系的一致性很重要。帮助遭受过毒性压力和创伤儿童的重要因素是建立（或重建）对人际关系的信任。我们以曾经缺失的、最初导致创伤的成人的关爱作为康复过程的开始,关于安全和保护的新记忆让孩子开始建立信任感。正如波格斯博士所教导的："**安全即治疗,治疗即安全。**"[18]

对于遭受毒性压力和创伤的儿童进行干预的问题

- 我的干预会增加或降低孩子的安全感吗?
- 我是否通过互动或技术来持续提升孩子的安全感?
- 我是否在无意中向孩子表达了他/她天生有问题的信息?
- 为了保护儿童免受威胁的神经感知,是如何成为一种自适应或生存策略的?

治疗正在经历创伤或毒性压力的儿童,应避免什么

应对脆弱的儿童或青少年的问题行为时,我们应避免采取惩罚措施,包括用戒尺打和其他形式的体罚、隔离、孤立、忽视、羞辱或责备。惩罚可能

会使孩子陷入更深层次的自主神经系统的困扰。

点数和级别系统

我们还应该考虑其他盛行的行为管理术的潜在不利后果，例如点数和级别系统（这种系统根据孩子的行为，让其失去或获得某些权利或事物）。如果孩子还无法使用自上而下的能力来调节自下而上的压力反应，这种做法可能会产生负面的后果，使孩子远离绿色通路的亲密关系。不断失去权利可能会使孩子陷入失望和绝望，尤其是当孩子由于无法控制的行为而持续失去一些东西时。

不建议对儿童使用的规则

- 任何形式的体罚。
- 隔离、孤立或关禁闭。
- 在法庭上对未成年人随意使用手铐。
- 隔离、孤立、羞辱、责备或忽视。
- 行为管理的点数和级别系统。
- 喊叫、大叫、羞辱或侮辱儿童。

也许有一天，类似洛伦这样的经历能够使研究人员查明并发现更好的方法来解决创伤和毒性压力对身心的影响。到那时，我们可以利用基础神经科学的智慧来改变我们看待弱势群体行为根源的方式。所有弱势儿童的关爱者和工作者，可以创建一个充满爱心、有安全保障、有互动关系的环境，使之成为预防或扭转儿童毒性压力和创伤的破坏性影响的首要方法和护理标准。

儿童创伤和毒性压力体验的变化

具有诸多不良经历的儿童面临发展、身体和精神健康挑战的风险较高，但是儿童如何看待和应对这些经历则差异很大。正如莉娜的经历所示，即使没有典型危险因素的孩子也会经历强烈的压力反应。

莉娜：无休止的斗争

当露丝的丈夫突然去国外工作时，8岁的女儿莉娜最初不以为然，但是两个月后，情况发生了变化。突然之间，莉娜开始每天都要进行一系列的斗争，从刷牙、洗澡到做功课，乃至所有的事情。

"生活每天都充满了挑战。"这位妈妈在莉娜的儿科医生的推荐下来找我时说道。与女儿的不断斗争使露丝感到备受打击、疲惫不堪，女儿动辄对露丝大喊大叫，这让妈妈流下了眼泪。

我建议露丝开始写日记，记录女儿几周内的行为和反应。在没有莉娜参与的情况下我和露丝会谈，分析了莉娜的行为记录后，我们发现了一个清晰的模式：莉娜主要抗议爸爸离开家前曾督促她的活动。

在丈夫出国之前，露丝是夜班护士，白天睡觉。爸爸把莉娜从托儿所接回家，辅导她做家庭作业并督促她按时就寝。丈夫离开后，露丝没有雇用保姆，而是改为白天上班，她以为晚上的陪伴能让莉娜适应父亲不在身边，并增进母女的关系。

在与母女二人进行了数次会谈之后，我私下向露丝建议，莉娜对以前寻常事情的极端和挑战性的反应很可能是对父亲离开的压力反应。心爱的父亲的离开，让莉娜的情绪变得低落，以前很简单的日常活动成了母女之间的导火索。

尽管如此，每当母亲问女儿对父亲离去的感受时，莉娜就坚称自己"很好"。实际上却并非如此。露丝精心策划的对莉娜的养育方法是激励、与她交谈以及劝说她表现得更好，这些只是增加了莉娜在红色通路上的行为。露丝甚至为莉娜买了一本书，书中教育儿童和青少年如何应对消极的思想和感情。莉娜对大多数事情都产生了防御，这本书对她无济于事。

问题在于，露丝尝试使用自上而下的方法来解决自下而上的问题：莉娜陷入失落和悲伤的情绪中，无法通过沟通来解决。莉娜尚无法承认、接纳甚至思考自己对父亲的感受，因此母亲要求她讨论此事为时过早。莉娜突然失去了心爱的父亲的陪伴，使她承受了很大的压力，这种压力被转移到了她的行为上。

露丝改变了对莉娜的看法，现在她意识到女儿并没有选择制造麻烦，而是在遭受痛苦。怀着更多的同情心和更少的评判，露丝改变了策略，从自下而上开始：首先建立关系，少说多听。我督促露丝尽可能多地用游戏的方式让女儿走上绿色通路，这是提升她自上而下能力的第一步，即增强莉娜应对痛苦和不幸的能力，不是通过谈话，而是通过营造共度的欢乐时光。

露丝填写了感官偏好工作表，将愉悦的体验与开心的感官互动相匹配。积极的互动成为露丝的法宝，帮助女儿增强社会性和情绪发展能力，并从父亲突然离家的压力中恢复过来。

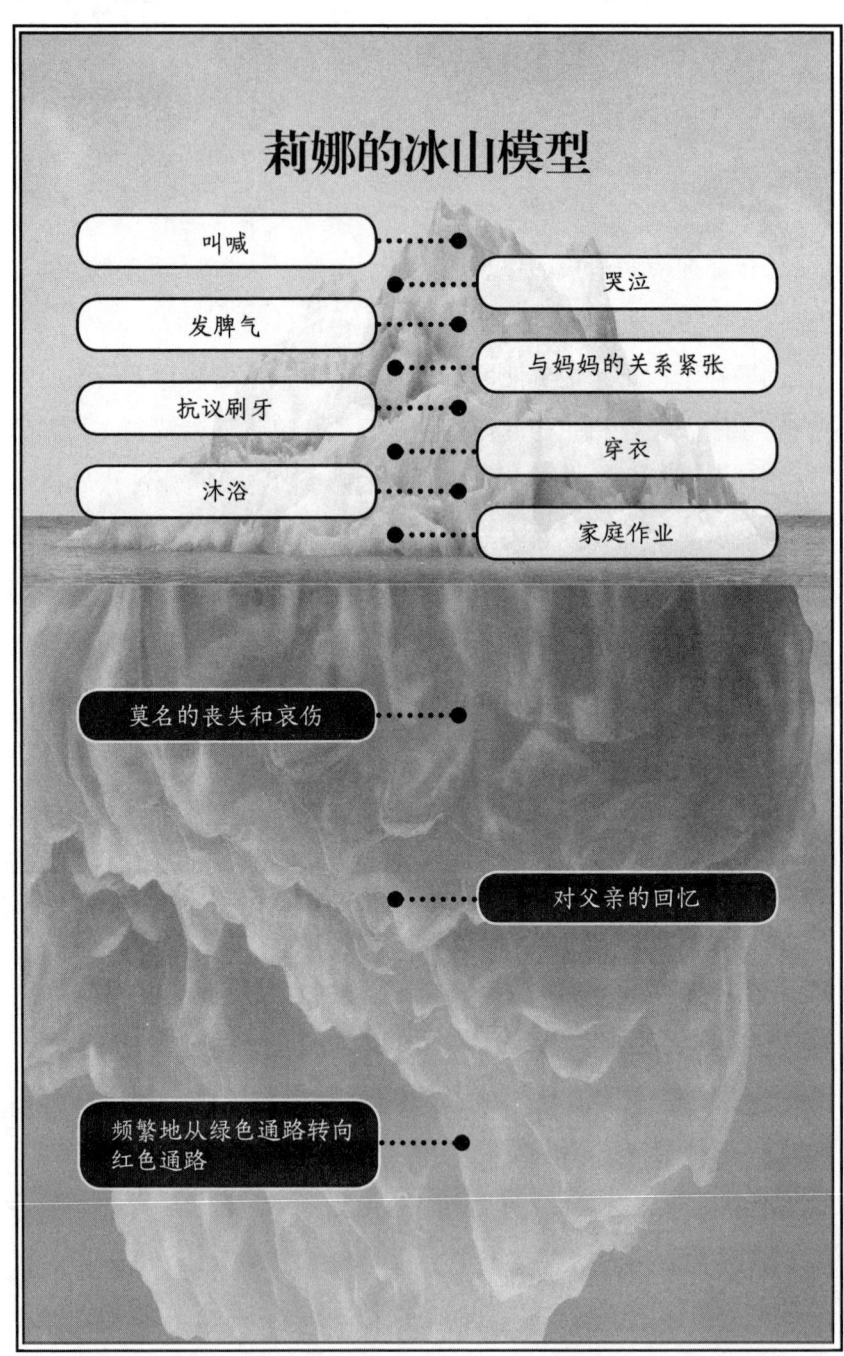

Copyright © 2019 Mona Delahooke. Beyond Behaviors. All rights reserved.

我向露丝解释说，她需要自己走上绿色通路，才能与莉娜创造快乐的互动时光，这些彼此连接的时刻具有治愈痛苦和悲伤的力量，她没有意识到丈夫的突然离家也释放了自己的情感资源。我与露丝单独会谈了几次，以支持她的情感转变——暂时成为一名单身母亲。

我与莉娜和露丝进行的治疗会谈的重点是寻找使他们进入快乐互动的方式。根据游戏的广义定义（支持和激发愉悦、自然和一来一回交流互动的任何事物），我鼓励莉娜跟随露丝的引导和兴趣。当她开始关注女儿时，发现莉娜喜欢听妈妈在她小时候给她唱的歌。我们帮助莉娜通过与母亲的情感共同调节来体验温暖、舒适的绿色通路，母亲同样需要情感上的支持。

在家里，露丝的身体与女儿更加贴近，并在莉娜写作业的休息间歇给她轻轻地按摩。不久之后，她们的关系开始升温，因为莉娜享受着妈妈越来越多的关注和慈爱。

几个月后，我们开始看到莉娜的社会性和情绪发展之屋取得了进展。她更多地处在绿色通路上，并开始表达自己的感受和想法。现在，治疗工作促进了愉悦的互动（这是情绪发展的自下而上的基础），现在正在帮助她重现自上而下的能力。在我们的最后一次会谈中，莉娜告诉妈妈，她有多么想念爸爸，没有爸爸，她感到多么孤独。最后，莉娜在与妈妈的信任关系中通过言语来表达她的失落和悲伤，她的破坏性行为开始减少。

换一个角度来理解行为的适应性

当我们将问题行为视为故意的行为时，往往采用纪律策略来达到表面的目标，而不是着眼于行为的根本原因（儿童对压力的反应）。当我们转而将行为视为适应性的应对机制时，就能产生理解和同情。露丝与莉娜相处的经验表明，当孩子经历自下而上的反应时，我们最好的举动是增加（而不是减少）关系互动和保证安全感。

当我们欣赏孩子的行为时，他们会向我们展示自己的内心世界，我们转变了模式，从消极地看待行为，转变为如何更好地提供养育孩子的有用信息。

我们转变了过去的观念，即儿童的问题行为只是为了建立权威、试探底线或躲避任务，现在我们认为，这种行为可能是儿童承受过度压力的信号。

协作和主动解决方案（Collaborative and Proactive Solutions，CPS）的创始人罗斯·格林（Ross Greene）解释说，当孩子表现出问题行为时，说明有某种事情正在妨碍孩子需求的满足。[19]格林在其开创性的转变视角的书《暴脾气小孩》(*The Explosive Child*)中，将导致问题行为的因素解释为未解决的问题，或技能落后而无法满足成人的期望。[20]协作和主动解决方案让儿童和成人在对话中通过共享和协作来解决行为挑战。一旦儿童和青少年能够建立和表达他们的想法，并与相关的成人分享，协作和主动解决方案对他们来说就是一种革命性的、极好的方法。

这是露丝和莉娜的收获：彼此作为伙伴而不是对手相互联系、交谈和交换意见。通过自下而上的方法，在互动关系的引导下，露丝不再将莉娜视为"问题孩子"。取而代之的是，她很高兴女儿能够谈论自己的痛苦挣扎，女儿的这种能力源于她与母亲情绪共同调节的结果。

为弱势儿童群体提供支持

显然，莉娜和洛伦的预后截然不同。洛伦在人生的前3年遭遇了逆境，因此更加脆弱。布鲁斯·佩里在儿童创伤学院（以及通过包含3万多人的临床合作伙伴的研究网络）的研究发现，出生第一年就经历相关毒性压力的儿童的脆弱性显著增加。[21]

专业人士有时会区分"大T型"创伤和"小t型"创伤，它代表一个人一生中创伤事件的累积和严重程度的差异。大T型创伤通常涉及无助感和对生命威胁的感知，而小t型创伤则涉及令人痛苦的生活事件，这些事件超出了人们的承受能力，但不一定会危及生命。[22]

我们可以推测，洛伦早期经历了持续性的大 T 型创伤。洛伦和莉娜的预后差异如此大，可能与他们经历创伤的时间、持续期和严重程度有关，而且洛伦的朋友玛丽离开后，他就再没有稳定、健康的成人的陪伴。

值得注意的是，洛伦作为少数群体的一员，面临着我们文化中的内隐偏见，终身存在额外的风险。正如佩里博士所指出的："如果意识不到多重且复杂的影响，诸如创伤、忽视、贫穷、种族主义和其他发育逆境，就不可能实现真正的康复。"[23]

相反，莉娜的背景并不包括洛伦面临的其他童年期不良经历。与洛伦相比，她有更多的机会发展心理适应能力，并且更有可能承受压力。她的经历表明，为什么本章的建议对于早期缺乏稳定关系的孩子如此重要？这包括寄养儿童和其他早期受到伤害，并且在被伤害过程中缺乏成人支持的孩子。

在近 30 年的实践中，我目睹了儿童遭受人类所制造的各种创伤。我相信，如波格斯博士所言，通过爱心、持续的关系耐心地修复儿童的创伤，最终大脑会"重构我们身体的感觉"。[24]

要点

- 假设遭受了毒性压力或创伤的儿童表现出的问题行为，是对源发事件的压力反应、保护性和防御反应。
- 将建立与孩子的互动关系作为首要策略，在采用自上而下的方法之前先使用自下而上的技术，并关注孩子的社会性和情绪发展。
- 密切关注孩子所处的颜色通路（自主状态），以便进行情绪调节，帮助孩子在被触发而转向其他两个压力通路上时能回到绿色通路。
- 根据"社会性和情绪发展之屋"的阶段向更高水平努力，帮助孩子表达情感和思想、发展自我意识并根据压力反应来适应环境。

第 9 章
展望未来,眼下要做的还有很多

> "当一朵花无法绽放时,你要修复它生长的环境,而不是花本身。"
>
> 亚历山大·丹·海耶尔(Alexander Den Heijer)

露西亚是一个安静而好奇的 3 岁孩子,为了控制自己的行为,她不断地进行自我抗争。儿科医生定期对她进行检查,观察她的焦虑状况,并热心地邀请她的家人进行后续的就诊预约。她的母亲填写了一份简单的问卷,其中详细介绍了露西亚的社会性和情绪发展状况。儿科医生向露西亚的母亲保证,幼儿的问题行为提供的丰富信息,有助于为儿童量身定制最好的互动方式和环境。母亲离开时对女儿充满希望,对这样一位贴心的医生充满感激。

一周后,露西亚的父母与儿科医生会面,商讨如何为他们可爱的女儿制订精准的支持计划,他们似乎很少看到女儿玩、笑和逗乐(这是幼儿的天性)。这位儿科医生解释说,露西亚所面临的问题的一种可能解释是,即使在舒适的家庭和学校环境中,她的自主神经系统也倾向于检测出威胁。

医生说:"我们越早发现孩子的脆弱性,就越能支持孩子的身体和情绪发展。"一名儿科职业治疗师加入他们的行列,查看了儿科医生收集的信息。她用令人信赖的语气向父母询问露西亚的情况。他们反馈说,当环境可以预见并且没有遇到突发事件时,她通常会"很好",但是露西亚有时会对抗一些简单而有趣的活动,例如逛街和参加舞蹈课。父母还在体育馆为露西亚安排了一个"游戏有约"的活动。治疗师解释说,弱势儿童可以学会与神经系统成为"朋友",并在此过程中建立心理弹性。

接下来,儿科医生给露西亚的父母一个可爱的手环,让露西亚戴上,以监测她的压力负荷和睡眠周期。该设备可以通过皮肤电活动检测到儿童何时进入生理应激反应。它能同时向父母的智能手机和儿科医生的机密数据库传输数据,帮助医生和父母发现引发露西亚压力反应的因素,并最终找到帮助她应对生活中的挑战的最佳方法。

对于这些帮助他们的家庭和心爱的独生女的专业人士,父母充满了乐观和感激之情。

我希望我们的理解、研究和创新处于领先地位。我想象一个美好的未来,届时父母将获得由儿童专业人士组成的多元化团队的富于情感的支持,他们会针对儿童发展达成一致共识。我设想,在未来的世界中,当孩子出现问题行为时,父母不会受到指责和猜测。我们不会自动为患病的孩子贴上标签,而应该欣赏他们的个体差异,因为从差异中能找到最好的帮助孩子的线索。

未来就在眼前

这样的设想已经存在于美国"纽约州发现中心(New York State's Center for Discovery)"之类的地方,在那里自闭症患者和神经多样性的个体在尖端研究的支持下获得了具有先进性、支持性和整体性的治疗。在那里,新的"可穿戴"技术(如露西亚的手环)通过生物识别传感器来测量皮肤电,使专家能够提供压力如何导致神经系统脆弱的个体出现问题行为的数据。[1]

该中心的专家无须关注行为管理或教授一些片面的技能，而是测量孩子在一整天中累积承受的压力。他们与麻省理工学院和哈佛大学等顶尖大学合作，通过开展研究，解决潜在的压力诱发的生理疾病，包括睡眠障碍、胃肠道疾病、癫痫发作、肥胖、免疫和代谢问题以及焦虑症，提升个人和家庭的生活质量。[2]

可以肯定的是，"发现中心"的方法是治疗患有自闭症以及复杂的医学和神经多样性个体的新方法。无论诊断结果如何，这种透过行为表面来评估个体需求的方式，对所有儿童的治疗、策略和方法都是一个很大的促进。我希望"发现中心"的研究所及其大学附属机构将继续研究大脑和身体的复杂反馈回路，提供许多其他设置的应用模型。这种将生理状态与可观察到的行为（通过传感技术）联系起来的新型研究，会启发所有人关注压力对多个功能领域的影响，从而帮助我们思考如何为具有持续问题行为的个体提供支持。[3]

精神卫生研究领域的领导者正在倡导我们超越对"病理学"及其标签的传统理解。正如我们之前讨论的，美国国立精神卫生研究所（National Institutes of Mental Health，NIMH）现在鼓励研究超越诊断的基础过程，这些过程与各种人类行为和状况相关，而不是简单的 DSM 诊断。[4] 这种方法使研究人员"可以通过将行为和神经科学结合的方式，灵活地进行 DSM 分类定义之外的问题的研究"。[5] 希望这有助于提供有用的、可操作的信息，从而发现更有效的监测和减轻儿童压力负荷的方法。技术和新的思维方式将帮助我们更好地支持脆弱的儿童、青少年和成人，不仅针对行为的前兆，而且针对最终表现出来的行为本身。

我们现在能做什么

当然，帮助弱势儿童无须等待。关于人类压力的研究让我们明白，在医疗保健和心理健康领域摆脱还原论模型（reductionistic models）的价值。[6]

众所周知，我们是具有社交头脑的社会存在，无论孩子遇到什么挑战，康复和抚养的方式都无法绕开和谐的关系。心理学家路易斯·科佐利诺（Louis Cozolino）提醒我们，最重要的是，大脑是"适应性的社会器官"，它长期进化以帮助人类生存。[7]他说："我的意思是，人类已经进化为从重要的情感关系中，与他人的大脑相连接并从中学习。"[8]协调人际关系在帮助弱势儿童的过程中是无法被取代的。

多年与儿童、青少年和家庭相处的经验，让我对大脑的适应能力有了深刻的认识。我一次又一次地看到，当一个孩子的治疗团队能够基于行为所表达的需求来评估行为时，人们通过努力的社会参与支持孩子的成长过程，问题行为就减少了。

转变固有观念

将大脑视为适应性的社会器官，我们就能相信孩子的行为表达了有价值的信息。问题行为不是孩子"失调"或"故意挑衅"的标志，而是孩子所经历的事情迫使他们适应的信号。

> 当我们将行为视为适应，而非故意的不当行为，我们就能够更好地创造支持儿童的先决条件：同情和理解。

当下流行的基于自上而下动机（例如恶意企图）的策略，将行为视作绝对消极的（例如寻求关注），我们需要转变观念，将行为视作帮助孩子的线索。

对抗负面倾向

现实情况是，当孩子做一些令我们感到困惑、愤怒或恐惧的事情时，许多人都会出现消极反应。实际上，当代神经科学可以帮助我们理解为什么儿童的消极行为会如此让成人抓狂：人类存在"消极偏见"，相对于积极或中性事件，人们更倾向于记住消极事件。[9]

根据神经心理学家里克·汉森（Rick Hanson）博士的说法，这种趋势出现在我们大脑发展的数百万年中，为了生存，人们必须要警惕掠食者或其他的威胁。[10] 这就能解释为什么我们倾向于忽略生活中的积极事件，而更多地关注消极事件。（这也解释了为什么观看或阅读新闻时，坏消息尤其引人注目。）用汉森博士的话说，"你的大脑面对消极的经历时就像尼龙扣，面对积极的经历时则像不粘锅的涂料。"[11] 孩子的举止很容易激活消极偏见，因为那实在危险，而且成年照料者需要承担极大的责任。（下一次当孩子的行为将你惹恼时，你可以归咎于消极偏见！）

现在，让我们考虑一下消极偏见如何影响我们与孩子的互动。由于我们的大脑习惯于关注消极经历而非积极经历，当看到孩子做一些我们认为会降低他们的幸福感、威胁生存或安全的事情时，我们首先想做的就是尽快改变他们的行为，以保护孩子。这对于善意的父母、养育者和照料者是很自然的选择。认识到这一点就能够理解，对于那些行为障碍孩子的父母和儿童工作者而言，为什么会如此迫切地想改变孩子的问题行为。消极偏见使我们更可能关注孩子的消极行为而不是积极行为。

这可能是特殊孩子的父母和照料者感到焦虑和警惕程度更高的原因。[12] 我们承担着保护和养育子女的责任，这是可以理解的。在某些情况下，负担变得过分沉重，因为人类很难提防负面信息或威胁事件。[13]

但是，我们可以通过意识来抵消消极倾向。当我们使行为去神秘化时，会将其转变为无须恐惧的事物。当恐惧减少时，我们对自己和孩子的行为的判断就不会那么苛刻，就能以更有利于孩子大脑发育的方式进行互动。这对大多数父母来说是个好消息，因为大部分时间他们都感到自己被评判。[14] 如果我们镇定一些，少采取惩罚性行动（促使我们尽快纠正孩子的问题），我们将打造出最有希望帮助孩子的工具——我们自己。

儿童的问题行为让父母和照料者面临持续的压力和警惕。几乎没有什么比知道孩子被诊断为有障碍的、孩子有攻击性并伤害他人，或者孩子心理健康受损对父母的威胁更大。不幸的是，太多的父母告诉我，他们经常接收到的潜在信息是，孩子的消极行为某种程度上是由于他们育儿不佳所致。

父母和支持者遵循现行的问题行为的标准和方法，希望将事情做得更好，他们常常在个性化教育计划或其他教育会议上相互争辩。为保护被贴标签的儿童及周围的环境，我们承担了巨大的责任和压力，反思这一点是有必要的。

坚定的幸福

我们如何才能克服消极偏见，在绿色通路上生活得更自由，并帮助我们的孩子发挥潜能成长为快乐和坚忍的人？这需要付出，但实际上我们可以像里克·汉森（Rick Hanson）所教导的那样拥有"坚定的幸福"。[15]当我们拥有良好的体验时，它们会随着时间的增加而不断积累，并开始取代持续存在的消极思想或记忆。汉森博士用首字母缩写词 HEAL[16] 描述了以下4个步骤。

- H（Have a positive experience）：有积极的体验。
- E（Enrich it）：丰富它。
- A（Absorb it）：吸收它。
- L（Link positive and negative material）：将正面和负面的信息连接起来。

面对这些家庭时，我会使用这些步骤中的前三项，并与父母和支持者讨论如何帮助儿童拥有健康的大脑/身体连接。

创造积极、丰富的经历以支持孩子（和父母）的绿色通路

人们的经历会形成记忆，我们可以有意识地利用积极的经历在我们及孩

子的大脑中建立新的神经连接。[17] 随着时间的流逝，单独的瞬间累加在一起就能够创造持久的记忆。简而言之，我们可以通过增加我们和孩子所拥有的积极经历的次数来产生积极的影响。这样做时，我们该听从内心的召唤。

人们常常期望在做每件事之前都设定原因、目标或想法。面对一系列规定的活动、疗法、练习和数据追踪表，我们时常会忽略一个重要因素：有趣的、自发的快乐经历，是一种有效地促进儿童成长的灵丹妙药。

家长须知

渐渐地，我不再规定具体的活动，而是强调体验。我鼓励父母更加听从自己内心的声音，让孩子拥有更多快乐的经历。这样做常常会使父母自然对孩子心存感激，而不是不断地将孩子改变成专业人士、教育者或其他人希望他们成为的样子。有时，我们给孩子传递的信息似乎是——他们是"待完善的次品"。当然，这并不意味着我们应减少或弱化对儿童的服务或专业帮助。但是，我们应该首先通过关系的协调和连接来优先考虑儿童的发育健康，在整本书中，我从神经发育的角度解释了这样做的意义。

我的女儿上幼儿园时，她的教师凭直觉洞悉了人际关系对孩子学习能力的影响。每天早上，教师都会站在教室的门口，屈膝跟每个学生打招呼，摇晃每个孩子的手，或者轻抚每个孩子的手臂或肩膀，用柔和平静的声音和灿烂的笑容向他们打招呼。对于我的孩子来说，教室是一个快乐的地方，她在那里茁壮成长。

知道女儿的状况很好，我这个做妈妈的宽慰多了，它缓解了我的犹豫和焦虑，因为我的女儿是班上年龄最小的学生之一。无论她是否意识到，教师都在用这种方式教育孩子并抚慰他们的父母。将孩子交给一个和你一样非常重视孩子情感健康的值得信赖的成人，多么令人宽心。

一个广为流传的录像记录了北卡罗来纳州教师小巴里·怀特（Barry White Jr.）的身影，他每天都以不同的问候方式欢迎每个来上学的小学生。[18]

每个学生和教师共享一个独特的、精心设计的握手/舞蹈动作，教师会记住并完美地将动作呈现。就像我女儿的幼儿园教师一样，怀特先生让每个孩子感到安全、有价值和特别。用充满乐趣的个性化的方式，为孩子营造一个人际安全的环境，来开启新的一天，还有什么比这更好的呢？

这些教育者都本能地了解人际关系体验在教育中的作用。对许多孩子来说，上学之初是最紧张的时刻，在孩子最需要的时候，他们有意识地创造积极的经历。而且不止于此，他们使用的方法为学习提供了最佳的平台。他们会花时间去丰富积极的经历，使之持续足够长的时间来形成记忆，从而极大地影响孩子的大脑，让他们从这些经历中汲取价值。[19]

改变我们为治疗儿童提供的体验

从这些教师的榜样中我们能学到什么？这是另一个神经科学现象——神经可塑性，孩子的大脑因经历而重塑。换句话说，我们的经历不断地改变大脑中的神经联系。[20] 总而言之，经历很重要！我们需要确保提供给孩子（并让他们的父母接触）的体验是健康的，并且对他们的大脑发育有益。本书提供了两种体验的示例。

我希望那些在教育、行为支持、心理健康、少年司法和社会福利等方面进行监督和工作的人在实施干预措施或方法之前，应考虑其是否对儿童的大脑有益。我们之前制订的许多教育和培训计划，这一个半世纪以来发生了很大的变化。我们需要根据现在所学的如何最好地支持孩子的成长和塑造身心的知识，来更新那些培训计划。

增加积极的经历是好事

值得思考的是：我们为孩子营造并鼓励了多少积极的经历？像成人一样，儿童也存在消极偏见，我们需要帮助他们增加积极的经历来消除这种偏见。[21] 当儿童出现问题行为时，成人通常会传递给他们负面信息而非正面信息。表现之一是，我们的积极关注是有条件的，并取决于他们的行为，这些负面反馈信息使无法自上而下控制其行为的孩子产生更大的压力。他们发现自己处于一个注定失败的循环中：他们不受控制的行为反应会导致负面的人际交往后果，这增加了他们的压力负荷，甚至不断出现问题行为。

相反，我们应该营造积极的人际关系体验，以巩固他们的社会性和情绪发展基础。这并不是说我们应该允许儿童行为不端或任其决定一切，或者我们不应该轻视行为的直接后果。但是，我们应该努力与孩子建立更积极的人际关系。

积累很重要

确实，我们与孩子相处的质量和时长至关重要。孩子需要多次积极的经历，才能将这些变化记录在他们的大脑神经网络中，因为一起放电的神经元会彼此连接在一起。[22] 换句话说，你做的某件事越多，就越会转化为大脑的功能和内存并根深蒂固。通过为孩子创造积极、丰富的体验，就可以帮助他们逐步搭建一个社会性和情绪发展之屋。

我们如何在日程满满的生活中抽出时间来帮助孩子？一种方法是重新考虑事情的优先级。对孩子来说，增加学业上的经验很重要，但是花时间与他们在积极而快乐的经历中与他人建立联系更重要，我们可以放慢自己的节奏来帮助孩子。第4章为成人提供了一些建议，让我们的孩子受益。如果我们不断努力，就会向孩子传递我们的时间观。放慢脚步，更多地陪伴孩子，孩子会接收到不同以往的信息。这个理念是走上绿色通路和减少人体长期承受的压力负荷的基础。

许多人过着繁忙的生活，直到血压过高、身体疾病或长期睡眠障碍等信号来临时，才开始慢下来。当我们关注自己的生活节奏和生物节律时，就会抽出更多时间来陪孩子，更好地增强孩子的安全感。

以下是一些简单的做法，可以放慢脚步并与孩子分享积极而丰富的体验。

用温暖和关怀的目光，专注地看着孩子。坐在孩子身边，让自己进入状态。如果你还不确定自己在绿色通路上，觉知但不要对自己加以评判，尝试让自己专注于当下，然后用平静、温暖和陪伴的眼神注视着孩子的眼睛（如果孩子对目光接触感到不适，就朝孩子那个方向看）。专注地陪孩子坐一会儿，去感受孩子与生俱来的善良。这样做可以帮助我们抵消自己的过度警惕，并评估、检查、指导或预期下一次崩溃。

问孩子想和你一起做什么。在抚养或治疗孩子的各种压力和要求下，我们经常告诉孩子该怎么做，而不是问他们想和我们一起做什么。孩子专注在自己的世界中当然不错，但真正的奇迹发生在我们与他们建立联系和互动时。这样的沟通也可以抵消由于忙碌的生活和泛滥的电子设备而导致的人类面对面交流的缺失。

在户外悠闲地漫步。无论是几分钟还是几个小时，漫步的关键在于让我们自己和孩子都体会到慢节奏。每向前迈出一步，我们都在向孩子传递一种生命的意义。我们更容易觉察到微风、落叶或地上忙碌的蚂蚁。我们更容易体会大手握小手的幸福，并且更乐于享受孩子天生所关注和喜爱的无数常被我们忽视的事物。与孩子一起悠闲而专注地漫步，这对身心健康十分有益。

让进餐时间成为增进人际关系的纽带。虽然能保证孩子按时就餐就已经很令人欣慰了，但是，进餐和零食时间其实也提供了很多机会，让我们慢下来增进与孩子的交流，这是忙碌生活中难得的时刻。如果可能，请在一起吃饭时享受沟通的乐趣（无论通过言语还是非言语方式）。而不是简单地喂饱孩子并做其他事情（例如看电视或同时做其他事）。这是一种被忽视且随时可行的机会，来增加与儿童的情感储备。

花时间一起游戏和玩乐。不论年龄大小，玩耍都是对我们健康最有益的活动之一。美国儿科学会（The American Academy of Pediatrics）最近发布了一份重要的临床报告，倡导儿科医生和其他儿科专业人士强调父母与孩子玩耍对孩子成长的重要性。作者写道:"研究证明,与父母和同龄人适当玩耍是提升孩子社交能力、认知能力、语言能力和自我调节能力的难得机会,这些技能有助于发展大脑的执行和亲社会功能。"[23] 多么有力的倡导!与孩子一起玩耍不应该作为父母或专业人士的附加项目,而是每个孩子一天中不可或缺的重要部分。与孩子一起进行的有趣的娱乐活动可以减轻压力和焦虑,并增加健康和活力。

活动身体。随着儿童闲暇时间的减少,他们自由活动的机会也相应减少。正如第3章所提到的,人类的身体拥有一种智慧,可以通过处理来自大脑/身体连接的传入信号,来适应我们的运动。让孩子随意活动自己的身体(特别是与他人建立快乐的联系),能有效促进他们的社会性和情绪发展,让他们保持在绿色通路上。

听音乐。音乐可以丰富生命、启发和鼓励我们前进。正如第2章所述,听觉信息可以提高安全感,这取决于孩子如何理解传入的声音。寻找能给孩子带来欢乐的音乐类型,共同聆听,随着音乐活动和舞蹈,这是非常值得去做的。

我希望这本书为你了解和理解问题行为提供一种新的模式。本书的几个方面:颜色通路、发展冰山模型以及社会性和情绪发展之屋,都围绕着丹·海耶尔那句无可辩驳的名言:"当一朵花无法绽放时,你要修复它生长的环境,而不是花本身。"[24] 当我们简单地给挣扎在干燥土壤中的小花浇水时,是无济于事的。相反,我们需要滋养土壤。对人类而言,"土壤"代表关系中的安全,是每个孩子的神经系统所感知的安全,而不是成人对孩子的定义。

我们想当然地认为,对孩子的"不良"行为需要进行管教或惩罚,从压力反应的角度看待孩子的行为似乎难以接受,或者与你的规则或专业(或你父母对你的养育方式)相抵触。但是这些年来,我看到学校、父母和支持者能以更广阔的视角来看待儿童的困难,就心生希望。当我们转变观念,利用对大脑/身体相关的科学的认知来支持弱势儿童时，情况就会越来越好。

我期待有更多的家庭分享自己是如何从本书所提供的经验中，找到解决孩子问题的良方，如何减少痛苦并增加快乐的人际沟通。我希望本书的科学性和实践经验可以帮助你更好地理解和支持有问题行为的孩子。

资　源

为方便起见，读者可以登录 www.wqedu.com 网站下载和打印工作表和讲义。

大脑与社会性发展

儿童心灵研究所（The Child Mind Institute）

儿童发育中心（The Center on the Developing Child）

神经关系框架研究所（The NeuroRelational Framework Institute）

心智研究所（Mindsight Institute）

蒂娜·布赖森（Tina Bryson）博士

正念与正念自我关怀

加州大学洛杉矶分校心灵意识研究中心（UCLA Mindful Awareness Research Center）

苏珊·凯瑟·格陵兰（Susan Kaiser Greenland）

正念自我关怀中心（Center for Mindful Self-Compassion）

里克·汉森（Rick Hanson）博士

家长参与的干预和跨学科培训

DIR® 地板时光模型（DIR® Floortime Model）

普罗费可顿基金会（The Profectum Foundation）

游戏项目（The Play Project）

跨学科发展与学习委员会（The Interdisciplinary Council on Development and Learning）

协作和主动解决方案

在平衡中生活（Lives in the Balance）

罗斯·格林（Ross Greene）博士

感觉加工和职业治疗

星星研究所（The Star Institute）

美国职业治疗协会（The American Occupational Therapy Association）

多层迷走神经理论与应用

斯蒂芬·波格斯（Stephen Porges）博士

黛布·达娜（Deb Dana）

调节的节奏（Rhythm of Regulation）

创伤和创伤知情护理

美国国家儿童创伤性压力网络（National Child Traumatic Stress Network）

庇护所网站（Sanctuary Web）

儿童创伤（Child Trauma）

创伤中心（Trauma Center）

注 释*

引言

1. Stephen W. Porges and Deb Dana, eds., *Clinical Applications of the Polyvagal Theory: The Emergence of Polyvagal-Informed Therapies* (New York: W.W. Norton, 2018), 58.

2. Porges and Dana, *Clinical Applications of the Polyvagal Theory*, 61.

3. Stephen W. Porges, *The Pocket Guide to the Polyvagal Theory: The Transformative Power of Feeling Safe* (New York: W.W. Norton, 2017), 19.

4. Stanley Greenspan and Serena Wieder, *Engaging Autism: Using the Floortime Approach to Help Children Relate, Communicate, and Think* (Reading, MA: Perseus Press, 2006).

5. Stanley Greenspan and Serena Wieder, *The Child with Special Needs* (Reading, MA: Perseus Press, 1998), 14.

6. Lucy Jane Miller, *Sensational Kids: Hope and Help for Children with Sensory Processing Disorder* (New York: Penguin Books, 2007). See also "STAR Institute for Sensory Processing Disorder," The STAR Institute, accessed August 14, 2018.

---

* 为了环保，也为了节省您的购书开支，本书注释不在此一一列出。如果您需要完整的注释，请通过电子邮箱 1012305542@qq.com 联系下载，或者登录 www.wqedu.com 下载。您在下载中遇到问题，可拨打 010-65181109 咨询。

参考文献[*]

4th Ark. "Cool Teachers Greet Students with Personalized Handshakes." *YouTube* video, 2:37. February 10, 2017.

American Psychiatric Association. *Diagnostic and Statistical Manual of Mental Disorders*. 3rd ed. Washington, DC: American Psychiatric Association, 1980.

American Psychiatric Association. *Diagnostic and Statistical Manual of Mental Disorders*. 5th ed. Arlington, VA: American Psychiatric Association, 2013.

American Psychological Association. "NIMH Funding to Shift Away from *DSM* Categories." Updated July/August 2013.

Ayres, A. Jean. *Sensory Integration and the Child: Understanding Hidden Sensory Challenges*. Los Angeles: Western Psychological Services, 2005.

Baer, Ruth A., Emily L. B. Lykins, and Jessica R. Peters. "Mindfulness and Self-Compassion as Predictors of Psychological Wellbeing in Long-Term Meditators and Demographically Matched Nonmeditators." *Journal of Positive Psychology* 7, no. 3 (2012): 230–238.

Barbash, Elyssa. "Different Types of Trauma: Small 't' versus Large 'T'." *Psychology Today*, March 13, 2017.

---

[*] 为了环保，也为了节省您的购书开支，本书参考文献不在此一一列出。如果您需要完整的参考文献，请通过电子邮箱 1012305542@qq.com 联系下载，或者登录 www.wqedu.com 下载。您在下载中遇到问题，可拨打 010-65181109 咨询。